光盘主要内容

本光盘为《入门与实战》丛书的配套多媒体教学光盘,光盘中的内容包括 18 小时与图书内容同步的视频教学录像和相关素材文件。光盘采用全程语音讲解和真实详细的操作演示方式,详细讲解了电脑以及各种应用软件的使用方法和技巧。此外,本光盘附赠大量学习资料,其中包括 3~5 套与本书内容相关的多媒体教学演示视频。

光盘操作方法

将 DVD 光盘放入 DVD 光驱,几秒钟后光盘将自动运行。如果光盘没有自动运行,可双击桌面上的【我的电脑】或【计算机】图标,在打开的窗口中双击 DVD 光驱所在盘符,或者右击该盘符,在弹出的快捷菜单中选择【自动播放】命令,即可启动光盘进入多媒体互动教学光盘主界面。

光盘运行后会自动播放一段片头动画,若您想直接进入主界面,可单击鼠标跳过片头动画。

光盘运行环境

- 赛扬 1.0GHz 以上 CPU
- 512MB 以上内存
- 500MB 以上硬盘空间
- Windows XP/Vista/7/8 操作系统
- 屏幕分辨率 1280×768 以上
- 8 倍速以上的 DVD 光驱

U0260251

光盘使用说明

普通视频教学模式

单击【学习视频】按钮

图1

① 单击章节名称

② 单击实例名称

图2

进入普通视频教学界面

控制视频教学播放　　同步显示解说文字

图3

学习进度查看模式

单击【学习进度】按钮

图1

① 界面中显示每个实例的学习进度数值

② 单击需要继续学习的实例名称

图2

此时从上次结束部分继续学习

图3

自动播放演示模式

单击【自动播放】按钮

图1

进入自动播放视频教学界面，用户无须动手操作，系统将按顺序播放整张光盘

图2

赠送的教学资料

② 打开光盘中教学资料所在文件夹

① 单击【教学资料赠送】按钮

图1

① 双击需要学习的视频教学文件

② 显示视频教学播放界面

图2

【Excel 选项】对话框

【打开】窗口

SmartArt图形

饼状数据透视图

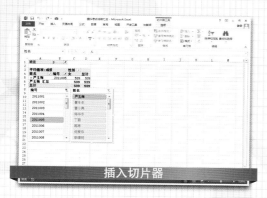

插入切片器

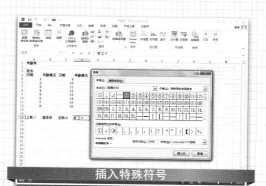

插入特殊符号

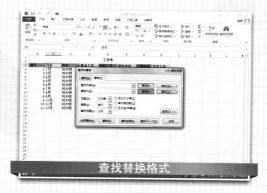

查找替换格式

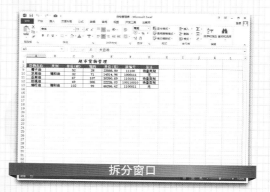

拆分窗口

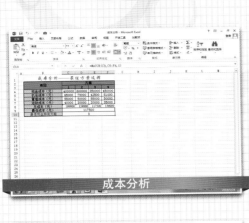

成本分析

抽样分析

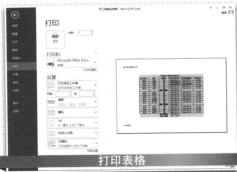

打印表格

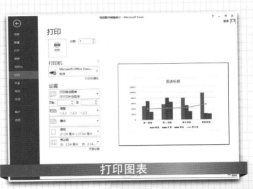

打印图表

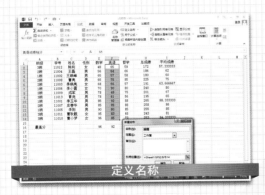

定义名称

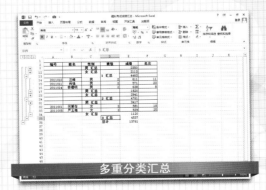

多重分类汇总

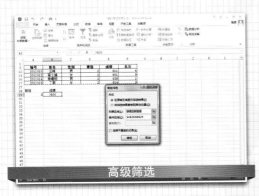

高级筛选

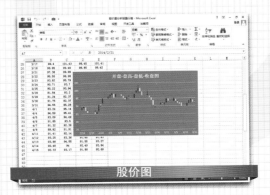

股价图

计算三角函数

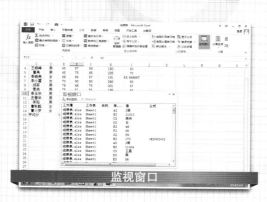

监视窗口

雷达图表

迷你图

设置底纹

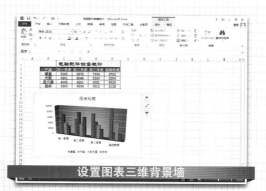

设置图表三维背景墙

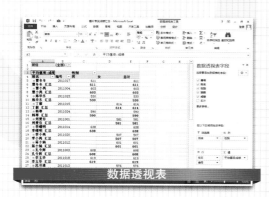

数据透视表

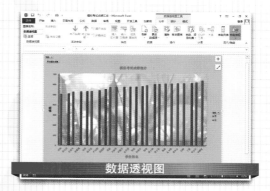

数据透视图

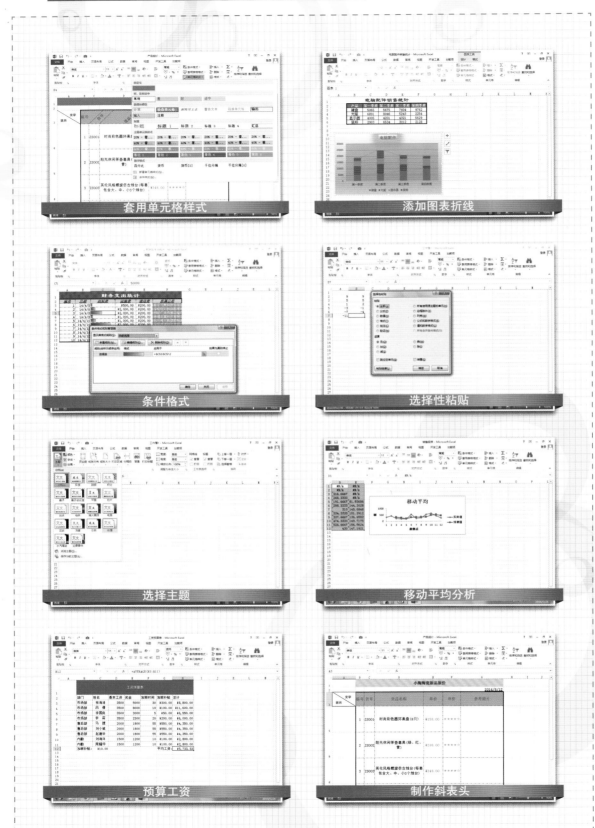

套用单元格样式

添加图表折线

条件格式

选择性粘贴

选择主题

移动平均分析

预算工资

制作斜表头

入门与实战

超值畅销版

Excel 应用技巧
入门与实战

李亮辉 ◎编著

清华大学出版社

北京

内 容 简 介

本书是《入门与实战》系列丛书之一，全书以通俗易懂的语言、翔实生动的实例，全面介绍了Excel 2013应用技巧的相关知识。本书共分10章，涵盖了Excel 2013基础操作，输入表格数据的技巧，表格格式化技巧，表格数据整理技巧，使用图表和图形，使用数据透视表和图、公式和函数应用技巧，实用函数操作，表格数据分析技巧，表格打印和网络应用等内容。

本书采用图文并茂的方式，使读者能够轻松上手。全书双栏紧排，全彩印刷，同时配以制作精良的多媒体互动教学光盘，方便读者扩展学习。附赠的DVD光盘中包含18小时与图书内容同步的视频教学录像和3～5套与本书内容相关的多媒体教学视频。此外，光盘中附赠的"云视频教学平台"能够让读者轻松访问上百GB容量的免费教学视频学习资源库。

本书面向电脑初学者，是广大电脑初中级用户、家庭电脑用户，以及不同年龄阶段电脑爱好者的首选参考书。

图书在版编目 (CIP) 数据

Excel 应用技巧入门与实战 / 李亮辉　编著. —北京：清华大学出版社，2015(2015.4 重印)
（入门与实战）
ISBN 978-7-302-38550-9

Ⅰ . ① E…　Ⅱ . ①李…　Ⅲ . ①表处理软件　Ⅳ . ① TP391.13

中国版本图书馆 CIP 数据核字 (2014) 第 273646 号

责任编辑：胡辰浩　袁建华
封面设计：牛艳敏
责任校对：曹　阳
责任印制：王静怡

出版发行：清华大学出版社
　　　　　网　　　址：http://www.tup.com.cn，http://www.wqbook.com
　　　　　地　　　址：北京清华大学学研大厦 A 座　　　邮　　　编：100084
　　　　　社 总 机：010-62770175　　　　　　　　邮　　　购：010-62786544
　　　　　投稿与读者服务：010-62776969，c-service@tup.tsinghua.edu.cn
　　　　　质 量 反 馈：010-62772015，zhiliang@tup.tsinghua.edu.cn

印 刷 者：三河市君旺印务有限公司
装 订 者：三河市新茂装订有限公司
经　　销：全国新华书店
开　　本：185mm×260mm　　　　印　张：14.25　　　　插　页：4　　　　字　数：365 千字
　　　　　（附光盘 1 张）
版　　次：2015 年 2 月第 1 版　　　印　次：2015 年 4 月第 2 次印刷
印　　数：3501 ～ 5000
定　　价：48.00 元

产品编号：053226-01

丛书序

首先，感谢并恭喜您选择本系列丛书！《入门与实战》系列丛书挑选了目前人们最关心的方向，通过实用精炼的讲解、大量的实际应用案例、完整的多媒体互动视频演示、强大的网络售后教学服务，让读者从零开始、轻松上手、快速掌握，让所有人都能看得懂、学得会、用得好电脑知识，真正做到满足工作和生活的需要！

· 丛书、光盘和网络服务特色

双栏紧排，全彩印刷，图书内容量多实用

本丛书采用双栏紧排的格式，使图文排版紧凑实用，其中220多页的篇幅容纳了传统图书一倍以上的内容。从而在有限的篇幅内为读者奉献更多的电脑知识和实战案例，让读者的学习效率达到事半功倍的效果。

结构合理，内容精炼，案例技巧轻松掌握

本丛书紧密结合自学的特点，由浅入深地安排章节内容，让读者能够一学就会、即学即用。书中的范例通过添加大量的"知识点滴"和"实战技巧"的注释方式突出重要知识点，使读者轻松领悟每一个范例的精髓所在。

书盘结合，互动教学，操作起来十分方便

丛书附赠一张精心开发的多媒体教学光盘，其中包含了18小时左右与图书内容同步的视频教学录像。光盘采用全程语音讲解、真实详细的操作演示等方式，紧密结合书中的内容对各个知识点进行深入的讲解。光盘界面注重人性化设计，读者只需要单击相应的按钮，即可方便地进入相关程序或执行相关操作。

免费赠品，素材丰富，量大超值实用性强

附赠光盘采用大容量DVD格式，收录书中实例视频、源文件以及3～5套与本书内容相关的多媒体教学视频。此外，光盘中附赠的云视频教学平台能够让读者轻松访问上百GB容量的免费教学视频学习资源库，在让读者学到更多电脑知识的同时真正做到物超所值。

在线服务，贴心周到，方便老师定制教案

本丛书精心创建的技术交流QQ群(101617400、2463548)为读者提供24小时便捷的在线交流服务和免费教学资源；便捷的教材专用通道(QQ：22800898)为老师量身定制实用的教学课件。

· 读者对象和售后服务

本丛书是广大电脑初中级用户、家庭电脑用户和中老年电脑爱好者，或学习某一应用软件用户的首选参考书。

最后感谢您对本丛书的支持和信任，我们将再接再厉，继续为读者奉献更多更好的优秀图书，并祝愿您早日成为电脑高手！

如果您在阅读图书或使用电脑的过程中有疑惑或需要帮助，可以登录本丛书的信息支持网站(http://www.tupwk.com.cn/practical)或通过E-mail(wkservice@vip.163.com)联系，本丛书的作者或技术人员会提供相应的技术支持。

前言

　　电脑操作能力已经成为当今社会不同年龄层次的人群必须掌握的一门技能。为了使读者在短时间内轻松掌握电脑各方面应用的基本知识，并快速解决生活和工作中遇到的各种问题，我们组织了一批教学精英和业内专家特别为电脑学习用户量身定制了这套《入门与实战》系列丛书。

　　《Excel 应用技巧入门与实战》是这套丛书中的一本，该书从读者的学习兴趣和实际需求出发，合理安排知识结构，由浅入深、循序渐进，通过图文并茂的方式讲解使用 Excel 2013 制作表格的应用技巧。全书共分为 10 章，主要内容如下。

　　第 1 章：介绍了 Excel 2013 的工作环境和基础操作技巧等。

　　第 2 章：介绍了输入表格数据的操作方法和技巧。

　　第 3 章：介绍了表格格式化的操作方法和技巧。

　　第 4 章：介绍了整理表格数据的操作方法和技巧。

　　第 5 章：介绍了在 Excel 2013 中使用图表和图形的方法及技巧。

　　第 6 章：介绍了使用数据透视表和图的方法和技巧。

　　第 7 章：介绍了公式和函数应用的方法和技巧。

　　第 8 章：介绍了实用函数操作的方法和技巧。

　　第 9 章：介绍了表格数据分析的操作方法和技巧。

　　第 10 章：介绍了表格打印和网络应用的操作方法和技巧。

　　本书附赠一张精心开发的 DVD 多媒体教学光盘，其中包含了 18 小时左右与图书内容同步的视频教学录像。光盘采用全程语音讲解、情景式教学、互动练习、真实详细的操作演示等方式，紧密结合书中的内容对各个知识点进行深入的讲解。让读者在阅读本书的同时，享受到全新的交互式多媒体教学。

　　此外，本光盘附赠大量学习资料，其中包括 3 ～ 5 套与本书内容相关的多媒体教学视频和云视频教学平台。该平台能够让读者轻松访问上百 GB 容量的免费教学视频学习资源库。使读者在短时间内掌握最为实用的电脑知识，真正达到轻松进阶、无师自通的效果。

　　除封面署名的作者外，参加本书编写的人员还有陈笑、曹小震、高娟妮、洪妍、孔祥亮、陈跃华、杜思明、熊晓磊、曹汉鸣、陶晓云、王通、方峻、李小凤、曹晓松、蒋晓冬、邱培强等人。由于作者水平所限，本书难免有不足之处，欢迎广大读者批评指正。我们的邮箱是 huchenhao@263.net，电话是 010-62796045。

《入门与实战》丛书编委会

2014 年 12 月

第1章 Excel 2013 基础操作

第2章 输入表格数据的技巧

第3章 表格格式化技巧

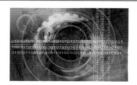

第 4 章 表格数据整理技巧

第 5 章 使用图表和图形

第 6 章　使用数据透视表和图

第 7 章　公式和函数应用技巧

第 8 章　实用函数操作

第 9 章　表格数据分析技巧

第 10 章　表格打印和网络应用

第1章

Excel 2013基础操作

　　Excel 2013是目前最强大的电子表格制作软件之一，工作簿、工作表和单元格是构成Excel的支架。本章将介绍Excel 2013工作环境的基础知识，以及其构成部分的基本操作技巧。

1.1 认识Excel 2013工作环境

Excel 2013 是由微软公司开发的一款电子表格程序，是微软Office系列核心组件之一，本节将介绍Excel 2013的启动和退出以及其组成部分的相关知识。

1.1.1 Excel 2013启动和退出

要使用Excel 2013创建电子表格，首先需要掌握启动和退出Excel 2013的操作方法。

1. 启动 Excel 2013

启动Excel 2013主要有以下几种方法。

❷ 单击【开始】按钮，从弹出的【开始】菜单中选择【所有程序】| Microsoft Office 2013 | Excel 2013命令，打开Excel 2013程序。

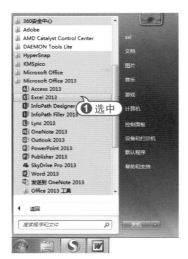

❷ 双击桌面上的Excel 2013快捷方式图标可以启动程序。

❷ 右击Excel 2013快捷方式图标，在弹出的快捷菜单中选择【打开】命令可以启动程序。

2. 退出Excel 2013

退出Excel 2013主要有以下几种方法。

❷ 单击Excel 2013标题栏上的【关闭】按钮 ✕ 。

❷在Excel 2013的工作界面中按Alt+F4组合键。

❷在Excel 2013的工作界面中，单击【文件】按钮，从弹出的菜单中选择【关闭】命令。

1.1.2 设置Excel 2013工作界面

启动Excel 2013后，就可以看到Excel 2013的主界面。

Excel 2013的工作界面主要由【文件】按钮、标题栏、快速访问工具栏、功能区、编辑栏、工作表编辑区、工作表标签、行标、列标和状态栏等部分组成。

❷ 【文件】按钮：单击【文件】按钮 文件 ，弹出【文件】菜单，用户可以利用其中的命令来实现新建、打开、保存、打印、发送工作簿等功能。

⊙ 快速访问工具栏：Excel 2013的快速访问工具栏中包含最常用操作的快捷按钮，方便用户使用。单击快速访问工具栏中的按钮，可以执行相应的命令。

实战技巧

单击快速访问工具栏最右边的下三角按钮，在弹出的快捷菜单里选择不同的命令即可将该命令按钮显示在快速访问工具栏内。

⊙ 功能区：功能区是Excel窗口界面中的重要元素，功能区以选项卡的形式列出了Excel 2013中的各种操作命令。

⊙ 编辑栏：在编辑栏中主要显示的是当前单元格中的数据，可在编辑框中对数据直接进行编辑。

单元格名称框   插入函数按钮

编辑框

⊙ 工作表编辑区：Excel的工作平台和编辑表格的重要场所，位于操作界面的中间位置，呈网格状。

⊙ 行号和列标：Excel中的行号和列标是确定单元格位置的重要依据，也是显示工作状态的一种导航工具。其中，行号由阿拉伯数字组成，列标由大写的英文字母组成。单元格的命名规则：列标号＋行号。例如第C列的第3行即称为C3单元格。

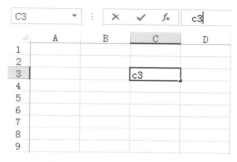

⊙ 工作表标签：在一个工作簿中可以有多个工作表，工作表标签表示的是每个对应工作表的名称。

⊙ 状态栏：位于窗口底部，用来显示当前工作区的状态，包含页面按钮和调节视窗大小的微调滑块。

用户可以对工作界面中的元素进行调整设置，使其适应自己的习惯和实际工作需求。

1. 显示和隐藏选项卡

双击功能区中的选项卡标签，可以快速隐藏功能区，再次单击选项卡标签即可重新显示功能区。

用户还可以选择【文件】|【选项】命令，打开【Excel选项】对话框，选择【自定义功能区】选项卡，在【主选项卡】下拉列表框里选中需要显示的选项卡复选框，如选中【开发工具】复选框，然后单击【确定】按钮，则会在功能区显示【开发工具】选项卡。

反之，取消选中选项卡复选框，然后单击【确定】按钮，则会在工作界面中隐藏该选项卡。

2. 添加自定义选项卡

用户可以在【Excel选项】对话框中手动添加或删除自定义选项卡。

【例1-1】添加新的自定义选项卡，然后将其删除。💿视频

步骤 01 启动Excel 2013程序，选择【文件】|【选项】命令。

步骤 02 打开【Excel选项】对话框，选择【自定义功能区】选项卡，单击【新建选项卡】按钮。

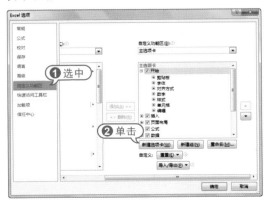

步骤 03 在【主选项卡】下拉列表框内出现【新建选项卡(自定义)】选项，单击【重命名】按钮。

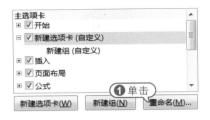

步骤 04 打开【重命名】对话框，在输入框内重命名为"用户选项"，然后单击【确定】按钮。

步骤 05 返回工作界面，在功能区选项卡里将会出现【用户选项】选项卡。

步骤 06 要删除该选项卡，可以重新打开【Excel选项】对话框，选中【用户选项】选项后单击【删除】按钮，然后单击【确定】按钮即可。

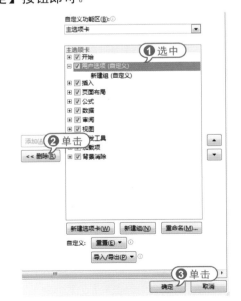

创建新的自定义选项卡时，将自动附带新的自定义命令组。用户也可以在系统原有的选项卡中添加自定义组，为内置选项卡增加可操作的命令。

1.1.3 工作簿、工作表和单元格

一个完整的Excel电子表格文档主要由3部分组成，分别是工作簿、工作表和单元格，以上3部分相辅相成，缺一不可。

1. 工作簿

工作簿是Excel用来处理和存储数据的文件。新建的Excel文件就是一个工作簿，它可以由一个或多个工作表组成。在Excel 2013中创建空白工作簿后，系统会打开一个名为【工作簿1】的工作簿。

工作簿1 - Microsoft Excel

插入 页面布局 公式 数据 审阅 视图 加载项

2. 工作表

工作表是Excel用于存储和处理数据的主要文档，也是工作簿的重要组成部分，它又被称为电子表格。在Excel 2013中，用户可以通过单击⊕按钮，创建工作表。

3. 单元格

单元格是工作表中的小方格，是Excel独立操作的最小单位。单元格的定位是通过它所在的行号和列标来确定的。下图表示用户选择了A2单元格。

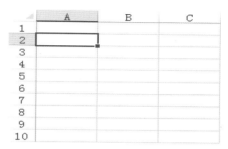

单元格区域是一组被选中的相邻或分离的单元格。单元格区域被选中后，所选范围内的单元格都会以高亮度显示，取消选中状态后将恢复原来的状态。如下图所示为选中B2:D6单元格区域。

Excel中的工作簿、工作表与单元格之间的关系是包含与被包含的关系，即工作表由多个单元格组成，而工作簿又包含一个或多个工作表。

1.2 工作簿操作技巧

工作簿除了基本的创建、保存以及退出等基本操作，还可以对其进行显示和隐藏工作簿、保护工作簿等操作。

1.2.1 创建工作簿

Excel 2013可以直接创建空白的工作簿，也可以根据模板来创建带样式的新工作簿。

1. 创建空白工作簿

启动Excel 2013后，单击【文件】按钮，在打开的选项区域中选中【新建】选项，然后单击界面中的【空白工作簿】图

标，即可创建一个空白工作簿。

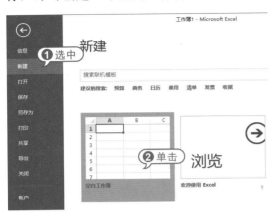

2. 使用模板新建工作簿

在Excel 2013中，除了新建空白工作簿以外，用户还可以通过软件自带的模板创建包含内容的工作簿，从而大幅度地提高工作效率和速度。

【例1-2】利用Excel 2013自带的模板创建新的工作簿。 ▣ 视频

步骤 01 启动Excel 2013应用程序，单击【文件】按钮，然后在打开的选项区域中选中【新建】选项，在【主页】文本框中输入文本"预算"并按下Enter键。

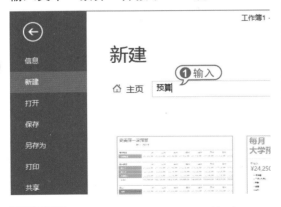

步骤 02 此时Excel 2013软件将通过Internet自动搜索与文本"预算"相关的模板，并将搜索结果显示在【新建】选项区域中。此时可以在模板搜索结果列表中单击一个模板图标。

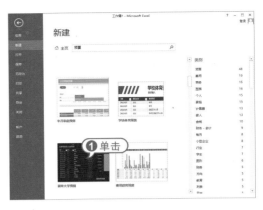

步骤 03 在打开的对话框中单击【创建】按钮。

步骤 04 完成以上操作后，Excel将自动下载模板，并创建相应的工作簿。

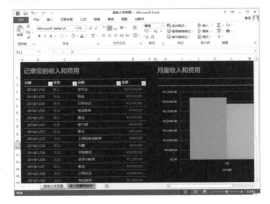

1.2.2 保存工作簿的技巧

保存工作簿一般只需单击工具栏上的【保存】按钮或选择【文件】|【保存】命令即可。此外，还有一些其他保存工作簿的技巧操作简要介绍如下。

1. 开启自动保存功能

由于可能会发生断电、误操作等问题，Excel 2013有可能会在保存之前就意外关闭，用户如果使用自动保存功能可以减少这类事故的发生。

首先选择【文件】|【选项】命令，打开【Excel选项】对话框，选择【保存】选项卡，在其中选中【保存自动恢复信息时间间隔】复选框，然后在后面的微调框内输入10，设置每10分钟自动保存一次。选中【如果我没保存就关闭，请保留上次自动保留的版本】复选框，在【自动恢复文件位置】文本框内输入需要保存的位置，然后单击【确定】按钮即可完成设置。

2. 恢复未保存的工作簿

打开【Excel选项】对话框，在【保存】选项卡里选中【如果我没保存就关闭，请保留上次自动保留的版本】复选框。

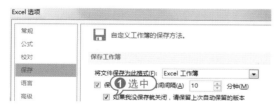

当用户对尚未保存过的工作簿进行关闭操作时，系统会弹出对话框，提示用户保护文档，如果单击【不保存】按钮关闭了工作簿(通常是用户的误操作)，可以使用"恢复未保存的工作簿"功能恢复到之前所编辑的工作簿状态。

首先单击【文件】|【打开】|【最近使用工作簿】|【恢复未保存的工作簿】按钮。

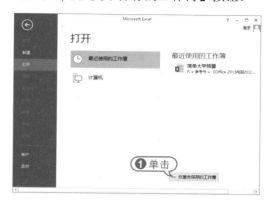

打开【打开】对话框，选择需要恢复的文件，然后单击【打开】按钮，完成恢复未保存的工作簿。

实战技巧

"恢复未保存的工作簿"功能仅对从未保存过的新建工作簿或临时文件有效。在Windows 7系统默认下，未保存的工作簿存放在"E:\Users\(用户名)\AppData\Roaming\Microsoft\Excel\"路径下。

1.2.3 打开和关闭工作簿

当用户需要对保存的工作簿进行编辑时，首先需要将该工作簿打开。下面将介绍几种常用的打开工作簿的方法。

▶ 直接双击Excel文件打开工作簿：找到工作簿的保存位置，直接双击其文件图标，Excel软件将自动识别并打开该工作簿。

使用【最近使用的工作簿】列表打开工作簿：单击【文件】按钮，在打开的【打开】选项区域中选择【最近使用的工作簿】选项，即可显示Excel软件最近打开的工作簿列表，单击列表中的工作簿名称，可以打开相应的工作簿文件。

通过【打开】对话框打开工作簿：在Excel 2013中单击【文件】按钮，在打开的【打开】选项区域中单击【计算机】选项，然后单击【浏览】按钮，即可打开【打开】对话框，在该对话框中选中一个Excel文件后，单击【打开】按钮，即可将该文件在Excel 2013中打开。

在Excel 2013中常用的关闭工作簿的方法有以下几种。

单击【关闭】按钮×：单击标题栏右侧的×按钮，将直接退出Excel软件。

双击文件图标：双击标题栏上的文件图标，将关闭当前工作簿。

按下快捷键：按下Alt+F4组合键将强制关闭所有工作簿并退出Excel软件。

1.2.4 显示和隐藏工作簿

工作簿的显示状态有两种：隐藏和非隐藏。在非隐藏状态下的工作簿，所有用户可以查看这些工作簿中的工作表。处于隐藏状态的工作簿，虽然其中的工作表无法在屏幕上显示出来，但工作簿仍处于打开状态，其他的工作簿仍可以引用其中的数据。

打开需要隐藏的工作簿，然后在【视图】选项卡的【窗口】组中单击【隐藏窗口】按钮即可。

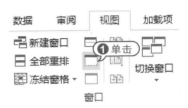

对于取消处于隐藏状态的工作簿的隐藏状态，使其在Excel主窗口中重新显示。在【视图】选项卡的【窗口】组中单击【取消隐藏窗口】按钮，打开【取消隐藏】对话框。在对话框中选择要取消隐藏的工作簿名称，然后单击【确定】按钮，将在窗口中重新显示该工作簿。

1.2.5 保护工作簿

在Excel 2013中用户可以为重要工作簿添加密码，以保护工作簿的结构与窗口。

【例1-3】在Excel 2013中为工作簿设置密码。

（视频）

步骤 01 启动Excel 2013程序，新建一个空白文档【工作簿1】。

步骤 02 选择【审阅】选项卡，在【更改】组中单击【保护工作簿】按钮。

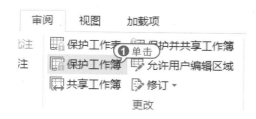

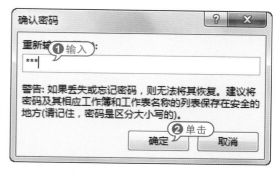

步骤 03 打开【保护结构和窗口】对话框，选中【结构】复选框，在【密码】文本框中输入工作簿密码，然后单击【确定】按钮。

步骤 05 工作簿被保护后，将无法完成调整工作簿结构与窗口的相关操作。

步骤 06 若要撤消保护工作簿，在【审阅】选项卡的【更改】组中单击【保护工作簿】按钮，打开【撤消工作簿保护】对话框，在【密码】文本框中输入工作簿的保护密码，然后单击【确定】按钮，即可撤消保护工作簿。

步骤 04 打开【确认密码】对话框，在【重新输入密码】文本框中再次输入密码，然后单击【确定】按钮即可。

1.3 工作表操作技巧

在Excel 2013中，工作表相关操作十分重要。本节将主要介绍操作工作表的技巧，如插入、隐藏以及保护工作表等操作。

1.3.1 插入工作表

如果工作簿中的工作表数量不够，用户可以在工作簿中插入工作表，其常用操作包括以下几种。

❯ 使用右键快捷菜单：选定当前活动工作表，将光标指向该工作表标签，然后单击鼠标右键，在弹出的快捷菜单中选择【插入】命令，打开【插入】对话框，在对话框的【常用】选项卡中选择【工作表】选项，并单击【确定】按钮。

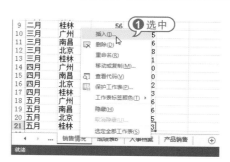

❯ 单击【插入工作表】按钮：工作表切换标签的右侧有一个【新工作表】按钮⊕，单击该按钮可以快速插入工作表。

❯ 选择功能区中的命令：选择【开始】

选项卡，在【单元格】选项组中单击【插入】下拉按钮，在弹出的菜单中选择【插入工作表】命令，即可插入工作表(插入的新工作表位于当前工作表左侧)。

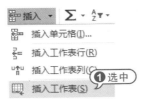

1.3.2 改变工作表标签

用户可以为工作表标签设置不同的颜色以便区分和管理。

右击工作表的标签，在弹出的快捷菜单中选择【工作表标签颜色】，弹出扩展菜单，在其中选择需要的颜色即可。

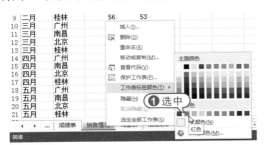

此外，用户还可以更改标签的名称。Excel 2013在创建一个新的工作表时，其名称是以Sheet1、Sheet2等来命名的，这在实际工作中无法进行有效管理。用户可以通过改变这些工作表的名称来进行有效的管理。

要改变工作表的名称，只需双击选中的工作表标签，这时工作表标签以反黑白显示(即黑色背景白色文字)，在其中输入新的名称并按下Enter键即可。

1.3.3 显示和隐藏工作表

在Excel 2013中，可以有选择地隐藏工作簿的一个或多个工作表。一旦工作表被隐藏，将无法显示其内容。

需要隐藏工作表时，只需选定需要隐藏的工作表，然后在【开始】选项卡的【单元格】组中单击【格式】按钮，在弹出的快捷菜单中选择【隐藏和取消隐藏】|【隐藏工作表】命令即可。

如果要重新显示一个处于隐藏状态的工作表，可单击【格式】按钮，在弹出的快捷菜单中选择【隐藏和取消隐藏】|【取消隐藏工作表】命令，在打开的【取消隐藏】对话框中选择要取消隐藏的工作表名称，然后单击【确定】按钮即可。

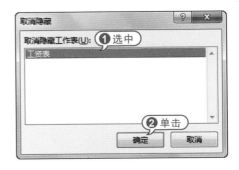

1.3.4 拆分窗口

拆分窗口可以独立地显示并滚动一个工作表中的不同部分。拆分窗口时，选定要拆分的某一单元格位置，然后在【视图】选项卡的【窗口】组中单击【拆分】按钮 。

　　此时Excel会自动在选定单元格处将工作表拆分为4个独立的窗格。可以通过鼠标移动工作表上出现的拆分框，以调整各窗格的大小。每个拆分得到的窗格都是独立的，用户可以根据自己的需求来调整不同窗格内的显示内容。

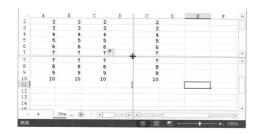

实战技巧

　　要在窗口内去除某条拆分条，可以将此拆分条拖到窗口边缘或双击该拆分条；要取消拆分窗口模式，可在【视图】选项卡中再次单击【拆分】按钮。

1.3.5　冻结窗格

　　如果要在工作表滚动时保持行列标志或其他数据可见，可以通过冻结窗格功能来固定显示窗口的顶部和左侧区域。

【例1-4】冻结【货物管理表】工作簿中的第1、2行。

（视频+素材）(源文件\第01章\例1-4)

步骤 01 启动Excel 2013程序。打开【货物管理表】工作簿。

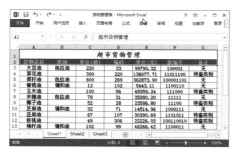

步骤 02 选择A3单元格，然后在【视图】选项卡的【窗口】组中，单击【冻结窗格】按钮 ，在弹出的快捷菜单中选择【冻结拆分窗格】命令。

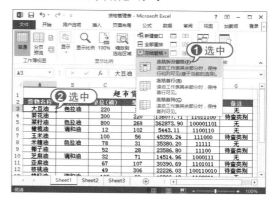

步骤 03 此时第1、2行已经被冻结，当拖动水平或垂直滚动条时，表格的第1、2行会始终显示。

步骤 04 如果要取消冻结窗格效果，再次单击【冻结窗格】按钮，在弹出的快捷菜单中选择【取消冻结窗格】命令即可。

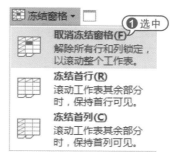

实战技巧

　　冻结窗格和拆分窗口功能在同一个工作表上无法同时使用。

1.3.6 保护工作表

在Excel 2013中可以为工作表设置密码，以防止其他用户私自更改工作表中的部分或全部内容。

【例1-5】在Excel 2013中为工作表设置密码。

（视频）

步骤 01 启动Excel 2013程序，新建一个空白文档【工作簿1】。

步骤 02 选择【审阅】选项卡，在【更改】组中单击【保护工作表】按钮。

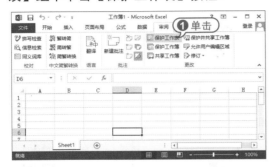

步骤 03 打开【保护工作表】对话框，选中【保护工作表及锁定的单元格内容】复选框，然后在下面的密码文本框中输入工作表保护密码，在【允许此工作表的所有用户进行】列表框中分别选中【选定锁定单元格】与【选定未锁定的单元格】复选框，然后单击【确定】按钮。

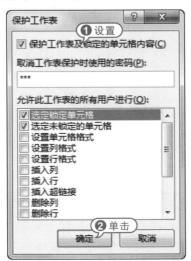

步骤 04 打开【确认密码】对话框，在【重新输入密码】文本框中再次输入密码，然后单击【确定】按钮即可。

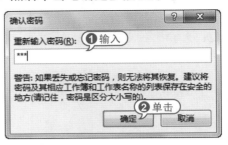

步骤 05 工作表被保护后，用户只能查看工作表中的数据和选定单元格，而不能进行任何修改操作。

步骤 06 若要撤消工作表保护，选择【审阅】选项卡，在【更改】组中单击【撤消工作表保护】按钮，打开【撤消工作表保护】对话框，在【密码】文本框中输入密码，然后单击【确定】按钮即可。

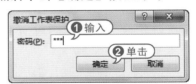

1.3.7 隐藏功能区

当用户在处理某些数据表格时，有时希望能更多地显示工作表的内容，此时可以使用隐藏功能区的操作。

双击Excel 2013功能区中任意一个选项卡标签，即可隐藏该选项卡的命令按钮展示区，再次双击选项卡标签则可以恢复命令按钮的显示。

1.4 单元格操作技巧

单元格是工作表的基本单位。在Excel中，绝大多数的操作都是针对单元格来完成的。本节将介绍一些在单元格中操作的技巧。

1.4.1 设置行高和列宽

Excel的表格状态是由横线和竖线相交而成的格子。由横线间隔出来的区域称之为"行"，由竖线间隔出来的区域称之为"列"，行列互相交叉而形成的格子称之为"单元格"。

选择行和列一般有以下几种方式。

❷ 选定单行或单列：使用鼠标单击某个行号或者列标的标签即可选中相应的整行或整列。

❷ 选定相邻连续的多行或多列：鼠标单击某行的标签后，按住鼠标不放向上或向下拖动，即可选中与此行相邻的连续多行；单击某列的标签后，按住鼠标不放向左或向右拖动，即可选中与此行相邻的连续多列。

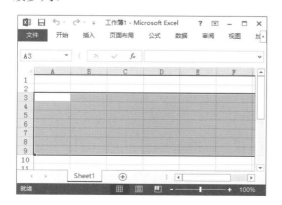

❷ 选定不相邻的多行或多列：选中单行或单列后，按住Ctrl键不放，继续使用鼠标单击多个行或列标签，直至选择完所有需要选择的行或列。

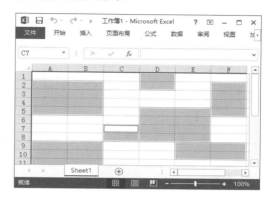

要设置行高和列宽，有以下几种方式可以进行操作。

1. 拖动鼠标更改

要改变行高和列宽可以通过直接在工作表中拖动鼠标进行操作。

比如要设置行高，用户在工作表中选中单行，将鼠标指针置于行与行标签之间，出现黑色双向箭头时，按住鼠标左键不放，向上或向下拖动，此时会出现提示框，里面显示当前的行高，调整所需的行高后释放左键即可完成行高的设置，设置列宽方法与此操作类似。

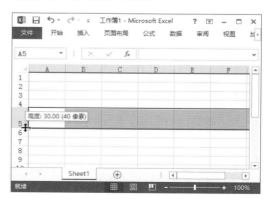

2. 精确设置格式

要精确设置行高和列宽，用户可以选定单行或单列，然后选择【开始】选项卡，单击【格式】下拉按钮，选择【行高】或【列宽】命令。系统打开【行高】或【列宽】对话框，输入精确的数字，最后单击【确定】按钮完成操作。

3. 最适合的行高和列宽

有时表格中多种数据内容长短不一，看上去较为凌乱，用户可以设置最适合的行高和列宽，来适合表格的匹配和美观度。

选中整个表格，在【开始】选项卡中单击【格式】下拉按钮，选择菜单中的【自动调整行高】命令，这样可以使所选内容的行高调整到最合适的程度。使用同样的方法，选择菜单中的【自动调整列宽】命令，即可调整所选内容最合适的列宽。

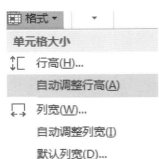

1.4.2 插入行和列的技巧

在Excel 2013中，打开【开始】选项卡，在【单元格】选项组中单击【插入】下拉按钮，在弹出的下拉菜单中选择相应的命令，即可在工作表中插入行或列。

用户还可以右击表格，在弹出菜单中选中【插入】命令，如果当前选定的是单元格，系统会打开【插入】对话框，选中【整行】或【整列】单选按钮，单击【确定】按钮即可插入一行或一列。

插入行和列还有很多操作上的技巧。比如快速插入多行、隔行插入行等操作。

1. 快速插入多行或列

要快速插入多行或列，用户可以使用以下几种方法。

❯ 重复插入一行：如果要快速一次性地插入许多行，可以先插入一行后，使用F4键快速地重复插入一行的操作。

❯ 复制多行：选中多行，然后按Ctrl+C键进行复制，再选定要插入的行，按Ctrl+Shift+【=】键插入复制的多行。

❯ 调整空行位置：选中多行，然后按Ctrl键，将鼠标指向选中行的外框，当光标右上角出现十字箭头时单击鼠标并拖动至需要插入空行的行号。

以上各种方法也适用于插入多列。

2. 隔一行插入一行

用户可以使用排序的方法将表格内容进行隔一行插入一行的操作。

【例1-6】将【租书目录】的A3:C10区域设置为隔一行插入一空行。

（视频+素材）(源文件\第01章\例1-6)

步骤 01 启动Excel 2013程序，打开【租书目录】工作簿，选定A列，右击鼠标，在弹出的快捷菜单中选择【插入】命令。

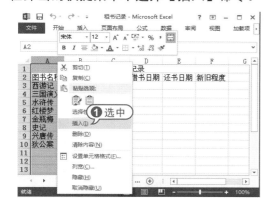

步骤 02 插入一列，在A3:A10内按序列输入1~8。

步骤 03 在A11:A18内按序列输入1.1~8.1。

步骤 04 选定A3单元格，然后选择【数据】选项卡，单击【升序】按钮。

步骤 05 此时B列和C列的数据都以空行相间隔，然后将A列删除，即可完成操作。

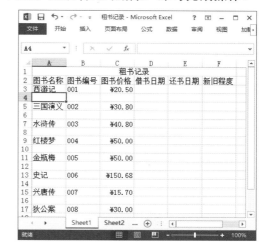

3. 隔多行插入一行

使用前面的方法，还能在表格中每间隔多行插入一行。

【例1-7】将【租书目录】的A3:C10区域设置为每隔2行插入1空行。

（视频+素材）(源文件\第01章\例1-7)

步骤 01 启动Excel 2013程序，打开【租书目录】工作簿，选定A列，右击鼠标，在弹出的快捷菜单中选择【插入】命令。

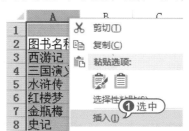

步骤 02 插入一列，在A3:A10内按序列输入1~8。

步骤 03 在A11单元格内输入"2.1"，A12单元格内输入"4.1"，A13单元格内输入"6.1"。

步骤 04 选定A3单元格，然后选择【数据】选项卡，单击【升序】按钮 $\frac{A}{Z}\downarrow$ 。

步骤 05 此时，B列、C列的数据都每隔2行插入一个空行，然后将A列删除，即可完成操作。

实战技巧

如果需要隔3行插入一行，只要将插入列里对应的数字序列替换为3.1、6.1…依次类推进行操作即可。

1.4.3 显示和隐藏行和列

用户可以选择隐藏行或列的内容，先选中需要隐藏的行或列，在右击弹出快捷菜单中选择【隐藏】命令即可完成隐藏操作。要取消隐藏，使用同样的操作即可，只是需要选择【取消隐藏】命令。

用户还可以使用【隐藏和取消隐藏】命令来取消隐藏，选定包含隐藏的区域后，在Excel【开始】功能区里选择【格式】|【隐藏和取消隐藏】|【取消隐藏行(列)】命令，即可将其中隐藏的行或列恢复显示。

1.4.4 选取单元格区域的技巧

单元格区域的选取可以用鼠标直接选取，不过有时可以通过满足某些条件选取单元格区域。

1. 选取矩形区域

如果是矩形的单元格区域，用户可以先选中该区域里一个顶角单元格，然后按住Shift键，单击其对角单元格即可选取该区域。

2. 选取当前行或列的数据区域

如果当前单元格到本行(列)中有连续非空的单元格数据内容，可以使用Ctrl+Shift+方向键进行选取。

比如当前单元格为A3，按Ctrl+Shift+向右方向键，则选取该行中有数据内容的A3:C3单元格区域。

	A	B	C	D
1			租书记录	
2	图书名称	图书编号	图书价格	借书日期
3	西游记	001	¥20.50	
4	三国演义	002	¥30.80	
5	水浒传	003	¥40.80	
6	红楼梦	004	¥50.00	
7	金瓶梅	005	¥50.00	
8	史记	006	¥150.68	

3. 选取有特征的单元格

如果用户需要选取带有某种特征的单元格，可以使用定位功能来实现。

【例1-8】使用定位功能选取【租书记录】中带有数字常量的单元格。

(视频+素材) (源文件\第01章\例1-8)

步骤 01 启动Excel 2013程序，打开【租书目录】工作簿，按F5键，打开【定位】对话框，单击【定位条件】按钮。

步骤 02 打开【定位条件】对话框，选中【常量】单选按钮，选中【数字】复选框，然后单击【确定】按钮。

步骤 03 此时，含有数字常量的C3:C10单元格区域被选中。

1.4.5 合并和拆分单元格

在编辑表格的过程中，有时需要对单元格进行合并或拆分操作，以方便对单元格的编辑。

【例1-9】合并表格中的单元格。

(视频+素材) (源文件\第01章\例1-9)

步骤 01 在Excel 2013中打开"考勤表.xlsx"文件，然后选中表格中的A1:H2单元格区域。

步骤 02 选择【开始】选项卡，在【对齐方式】组中单击【合并后居中】按钮。

步骤 03 此时，选中的单元格区域将合并为一个单元格，其中的内容将自动居中显示。

步骤 04 选定B3:H3单元格区域，在【开始】选项卡的【对齐方式】组中单击【合并并居中】下拉按钮，从弹出的下拉菜单中选择【合并单元格】命令。

步骤 05 此时，即可将B3:H3单元格区域合并为一个单元格。

步骤 06 选定A13:A15单元格区域，在【开始】选项卡中单击【对齐方式】对话框启动器按钮。

步骤 07 打开【设置单元格格式】对话框，在【对齐】选项卡中选中【合并单元格】复选框，然后单击【确定】按钮。

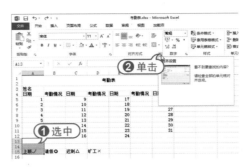

拆分单元格是合并单元格的逆操作，只有合并后的单元格才能够进行拆分。

要拆分单元格，用户只需选定要拆分的单元格，在【开始】选项卡的【对齐方式】组中再次单击【合并后居中】按钮，即可将已经合并的单元格拆分为合并前的状态。也可单击【合并后居中】下拉按钮，选择【取消单元格合并】命令拆分单元格。

> **实战技巧**
>
> 另外，用户打开【设置单元格格式】对话框，在该对话框的【对齐】选项卡中，取消选中【文本控制】选项区域中的【合并单元格】复选框，然后单击【确定】按钮，同样可以将单元格进行拆分。

1.5 实战演练

本章的实战演练部分为隐藏单元格数据综合实例操作，使用户通过练习从而巩固本章所学知识。

如果用户要隐藏单元格和编辑栏中的数据，可以用如下方法进行操作。

【例1-10】隐藏单元格和编辑栏中的数据。

（视频+素材）(源文件\第01章\例1-10)

步骤 01 启动Excel 2013程序，打开【租书记录】文档，选取C3:C5单元格区域，在【开始】选项卡内选择【格式】|【设置单元格格式】命令。

步骤 02 打开【设置单元格格式】对话框，选择【数字】选项卡，选择【自定义】选项，在【类型】框内输入"；；；"（三个分号），然后单击【确定】按钮。

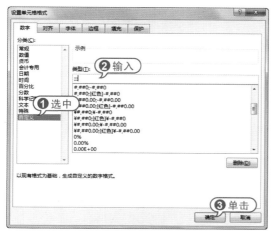

步骤 03 完成设置后，C3:C5单元格区域显示空白，但选中该区域后，在编辑栏内仍能显示真实的数据。

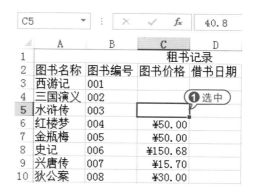

步骤 04 如果还要屏蔽编辑栏内的数据显示，用户可以选中C3:C5单元格区域，按Ctrl+1键打开【设置单元格格式】对话框，选择【保护】选项卡，选中【隐藏】复选框，然后单击【确定】按钮。

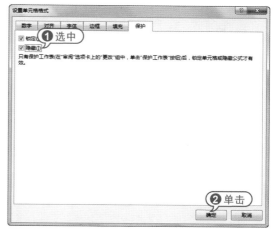

步骤 05 选择【审阅】选项卡，单击【保护工作表】按钮。

步骤 06 打开【保护工作表】对话框，不用输入密码，直接单击【确定】按钮。

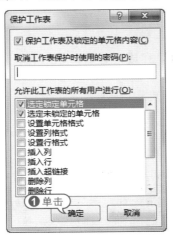

步骤 07 此时选中C3:C5单元格区域，则

编辑栏内也显示空白。

步骤 08 单击编辑栏空白处，则会弹出对话框，介绍如何取消隐藏操作。

专家答疑

>> 问：如何修改多个工作表的相同区域？

答：按住Ctrl键，通过单击3个工作表的标签来选中多个工作表，Excel标题栏上显示"【工作组】"字样。在当前工作表【Sheet1】里选定A2单元格输入"+2"，则此操作会同时作用于工作组中所有工作表的相同区域A2单元格。

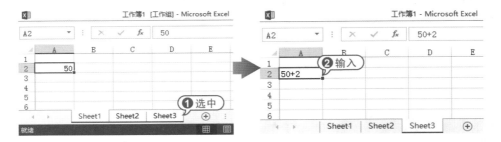

读书笔记

第2章

输入表格数据的技巧

　　使用Excel 2013创建工作表后，首先要在单元格中输入数据，然后可以对其中的数据进行删除、更改、移动以及复制等操作，使用科学的方式和技巧，可以使数据的输入和编辑操作变得更加高效和便捷。

2.1 输入各种类型的数据

在Excel 2013中，可以输入各种不同类型的数据，如文本类型数据、数字类型数据以及批注数据等。本节将详细介绍在Excel表格中输入各种类型数据的方法。

2.1.1 输入文本型数据

在Excel 2013中，文本型数据通常是指字符或者任何数字和字符的组合。输入到单元格内的任何字符集，只要不被系统解释成数字、公式、日期、时间或者逻辑值，则Excel 2013一律将其视为文本。

在表格中输入文本型数据的方法主要有以下3种。

● 在数据编辑栏中输入：选定要输入文本型数据的单元格，将鼠标光标移动到数据编辑栏处单击，将插入点定位到编辑栏中，然后输入内容。

● 在单元格中输入：双击要输入文本型数据的单元格，将插入点定位到该单元格内，然后输入内容。

● 选定单元格输入：选定要输入文本型数据的单元格，直接输入内容。

【例2-1】创建一个【考勤表】工作簿，并输入相关数据。

视频+素材 (源文件\第02章\例2-1)

步骤 01 启动Excel 2013程序，创建一个空白工作簿。

步骤 02 单击快速启动栏中的【保存】按钮，打开【另存为】界面，并单击该界面中的单击【浏览】按钮。

步骤 03 在打开的【另存为】对话框中

设置工作簿的保存路径并输入名称"考勤表"后，单击【保存】按钮。

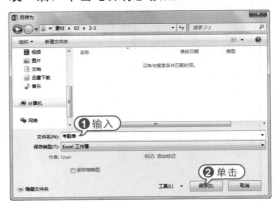

步骤 04 选中A1单元格，然后直接输入文本"考勤表"。

步骤 05 选定A3单元格，将光标定位在编辑栏中，然后输入文本"姓名"。

步骤 06 选定A4单元格，输入文字"日期"，然后按照上面介绍的方法，在其他单元格中输入文本。

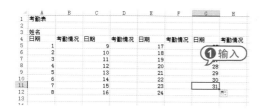

2.1.2 输入特殊符号

用户可以在表格中输入特殊符号，一般在【符号】对话框中进行操作。

【例2-2】在【考勤表】工作簿中输入特殊符号。

（视频+素材）(源文件\第02章\例2-2)

步骤 01 启动Excel 2013程序，打开【例2-1】中制作的【考勤表】工作簿。

步骤 02 选中A15单元格后，输入文字"上班"，然后打开【插入】选项卡，并在【符号】选项区域中单击【符号】按钮Ω符号。

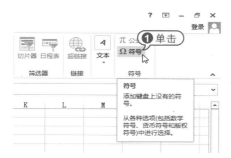

步骤 03 在打开的【符号】对话框中选中需要插入的符号后，单击【插入】按钮。

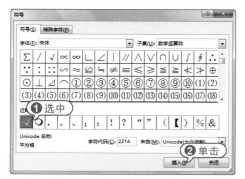

步骤 04 此时，A15单元格中将添加相应的符号，效果如下图所示。

步骤 05 参考上面介绍的方法，在B15、C15和D15单元格中输入文本并插入符号。

2.1.3 输入数值型数据

在Excel工作表中，数字型数据是最常见、最重要的数据类型。Excel 2013强大的数据处理功能、数据库功能以及在企业财务、数学运算等方面的应用几乎都离不开数字型数据。在Excel 2013中数字型数据包括货币、日期与时间等类型。

【例2-3】制作一个【工资表】工作簿，在表格中输入每个员工的工资(货币型数据)。

（视频+素材）(源文件\第02章\例2-3)

步骤 01 启动Excel 2013程序，创建【工资表】工作簿，并输入文本数据。

步骤 02 选定C4:G14单元格区域，在【开始】选项卡的【数字】选项区域中，单击其右下角的【数字格式】按钮。

步骤 03 在打开的【设置单元格格式】对话框中选中【货币】选项，在右侧的【小数位数】微调框中设置数值为"2"，【货币符号】选择"￥"，在【负数】列表框中选择一种负数格式，然后单击【确定】按钮。

步骤 04 此时，当在C4:G14单元格区域输入数字后，系统会自动将其转化为货币型数据。

2.2 输入数据技巧

数据输入是制表的必经过程，如果按照普通的方式输入数据会使工作效率降低。用户如果学习一些数据输入的常用技巧，就可以简化数据输入操作，提高工作效率。

2.2.1 添加汉字拼音注释

使用Excel拼音指南功能，用户可以为单元格中的汉字添加拼音注释。

2.1.4 输入批注

在Excel 2013中，使用批注可以对单元格进行注释。当在某个单元格中输入批注后，会在该单元格的右上角显示一个红色三角标记，只要将鼠标指针移到该单元格中，就会显示输入的批注内容。

首先选定单元格，选择【审阅】选项卡，在【批注】选项组中单击【新建批注】按钮。

此时即可在单元格旁边打开批注文本框，输入批注内容。

单击其他单元格，即可完成编辑批注操作。此时拥有批注的单元格比其他单元格在右上角多出一个红色三角标记，将鼠标指针移动至该标记处即可查看批注。

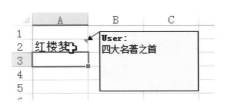

【例2-4】在表格内输入"汉字拼音"，并加上拼音注释。【视频】

步骤 01 启动Excel 2013程序，创建空白工作簿，在A1单元格内输入文本"汉字拼音"。

步骤 02 在【开始】选项卡中，单击【字体】组上的【显示或隐藏拼音字段】按钮旁边的下拉按钮，在弹出的扩展菜单中选择【编辑拼音】命令。

步骤 03 此时进入拼音编辑状态，手动输入拼音音节，输入完后按Enter键确认。

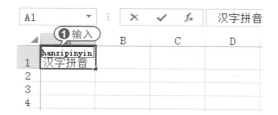

步骤 04 此时拼音注释处于隐藏状态，要显示拼音注释，可以在【开始】选项卡中，单击【字体】组上的【显示或隐藏拼音字段】按钮旁边的下拉按钮，在弹出的扩展菜单中选择【显示拼音字段】命令。

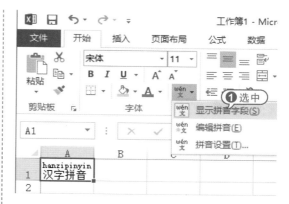

2.2.2 输入身份证号码

我国身份证号码一般是15位到18位，由于Excel能够处理的数字精度最大为15位，因此所有多于15位的数字会被当作"0"保持；而大于11位数字默认以科学计数法来表示，如下图所示。

要正确地显示身份证号码，可以设置Excel以文本型数据来显示。一般有以下两种方法来将数字强制转换为文本。

◆ 在输入身份证号码前，先输入一个半角方式的单引号'。该符号用来表示其后面的内容为文本字符串。

◆ 单击【开始】选项卡里的【数字格式】下拉按钮，选择【文本】命令，然后再输入身份证号码。

该输入方式也适用于输入银行账号、零件编号等长数字序列。

2.2.3 输入带圈数字

在Excel 2013中输入带圈符号的数字1~20，可以使用以下两个方法进行操作。

➡ 输入1~10的带圈数字：选择【插入】选项卡，单击【符号】按钮，打开【符号】对话框，在【字体】下拉列表中选择【(普通文本)】选项，在【子集】下拉列表中选择【带括号的字母数字】选项，此时列表中将列出1~10的带圈数字，选择数字，单击【插入】按钮即可插入到单元格中。

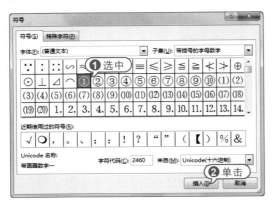

➡ 输入11~20的带圈数字：打开【符号】对话框，在【字符代码】文本框中输入"246a"(此为数字11的十六进制Unicode代码)，按Alt+X组合键即可将代码转换为带圈数字11，使用鼠标选择获得的带圈数字，按Ctrl+C键复制数字，在表格单元格中按Ctrl+V键粘贴数字。

字符代码(C): 246a   字符代码(C): ⑪

2.2.4 输入分数

要在单元格内输入分数，正确的输入方式是：整数部分+空格+分子+斜杠+分母，整数部分为零时也要输入"0"进行占位。比如要输入分数1/4，则可以在单元格内输入"0 1/4"。

输入完毕后，按Enter键或单击其他单元格，Excel自动显示为"1/4"。

Excel会自动对分数进行分子分母的约分，比如输入"2 5/10"，将会自动转换为"2 1/2"。

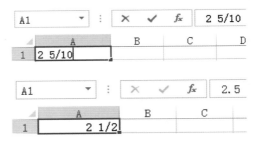

如果用户输入分数的分子大于分母，Excel会自动进位转算。比如输入"0 17/4"，将会显示为"4 1/4"。

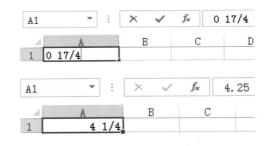

2.2.5 自动输入小数点

有一些数据报表包含大量的数值数据，如果这些数据保留的最大小数位数是相同的，可以使用系统设置来免去小数点的输入操作。

如果希望所有输入数据最大保留两位小数位数，则可以选择【文件】|【选项】

命令，打开【Excel选项】对话框，选择【高级】选项卡，在【编辑选项】区域里选中【自动插入小数点】复选框，在右侧的【位数】微调框内调整为"2"，最后单击【确定】按钮即可完成设置。

设置完毕后，用户在输入数据时，只需将原有数据放大100倍输入即可。比如要输入"12.7"，用户可以实际输入"1270"，按Enter键后，则会在单元格内显示为"12.7"。

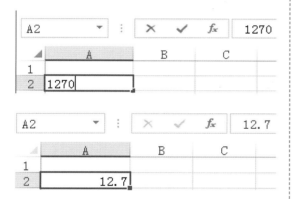

2.2.6 输入指数上标

在数学和工程等应用数据上，有时需要输入带有指数上标的数字或符号。在Excel中可以使用设置单元格格式的方法来改变指数上标的显示。

比如要在单元格输入"K^{-3}"，可以先在单元格内输入"K-3"，选中文本中的"-3"，然后按Ctrl+1组合键打开【设置单元格格式】对话框。

在该对话框的【字体】选项卡中选中【上标】复选框，然后单击【确定】按钮。

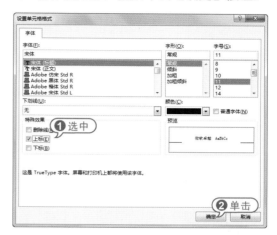

此时，在单元格中将数据显示为"K^{-3}"，效果如下图所示。

2.2.7 使用自动更正快速输入

Excel的自动更正功能可以帮助用户准确快速地输入常用词句，还能更正许多错误用词。用户可以创建新的自动更正项目来达到快捷输入的目的。

【例2-5】使用自动更正功能快速输入数据。

视频

步骤 01 启动Excel 2013程序，选择【文件】|【选项】命令，打开【Excel 选项】对话框。

步骤 02 选择【校对】选项卡，单击【自动更正选项】按钮，打开【自动更正】对话框。

步骤 03 选择【自动更正】选项卡，在【替换】文本框内输入"XL"，在【为】文本框内输入"迅雷下载软件"，然后单击【添加】按钮。

步骤 04 单击【确定】按钮关闭【自动更正】对话框，然后单击【确定】按钮关闭【Excel选项】对话框。

步骤 05 此时，在单元格中输入"XL"的时候，会自动替换为"迅雷下载软件"。

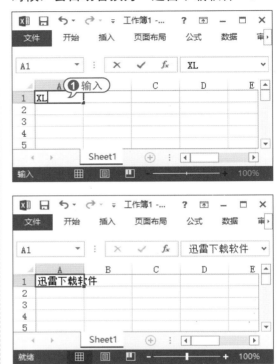

2.3 复制数据的技巧

在Excel 2013中，不但可以复制整个单元格，也可以复制单元格中的指定内容，本节将介绍一些复制单元格数据的操作技巧。

2.3.1 选择性粘贴数据

在进行单元格或单元格区域的复制操作时，有时只需要复制其中的特定内容而不是所有内容，这时可以使用【选择性粘贴】命令来完成该操作。

选择【开始】选项卡，单击【粘贴】按钮下面的倒三角按钮，在弹出的菜单中选择【选择性粘贴】命令，可以打开【选择性粘贴】对话框。

在【选择性粘贴】对话框中，用户可以实现加、减、乘、除运算，以及粘贴公式、数值和格式等操作。

【例2-6】使用选择性粘贴功能将文本型数值转换为数值型数值。（视频）

步骤 01 启动Excel 2013应用程序，在A1:C3中输入数字，然后选中该单元格区域，在右击弹出菜单中选择【设置单元格格式】命令。

步骤 02 打开【设置单元格格式】对话框，选择【数字】选项卡，选中【文本】选项，然后单击【确定】按钮。

步骤 03 此时单元格区域内的数据为文本型数据，其特征为靠单元格左侧对齐。

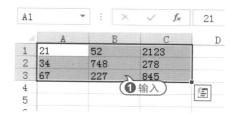

步骤 04 复制一个空白单元格，然后选中A1:C3区域，执行【选择性粘贴】命令打开【选择性粘贴】对话框。

步骤 05 在【运算】区域里选中【加】单选按钮，然后单击【确定】按钮。

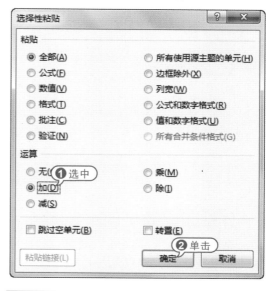

步骤 06 此时，A1:C3区域中内容转变为数字型数值，其特征为靠单元格右侧对齐。

A1		:	×	✓	f_x	21

	A	B	C	D
1	21	52	2123	
2	34	748	278	
3	67	227	845	
4				
5				

📑 知识点滴

由于复制了一个空白单元格，运算时数值相当于0，而原本的文本型数据参与了运算，将被强制转换成数值型数据，一个数加0，其值并不会改变。

2.3.2 拖动复制和移动数据

在Excel中还可以使用鼠标拖动法来移动或复制单元格中的内容。

首先选中要移动的单元格区域，将鼠标光标移至区域边缘，当光标显示为黑色十字箭头时，按住鼠标左键拖动鼠标，移至目标位置后释放鼠标左键，即可完成数据的移动。如下图所示，是将A1中数据移动到C1中。

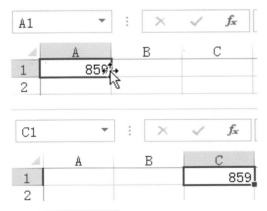

📑 知识点滴

若要复制内容，可以按住Ctrl键进行拖动操作，此时鼠标光标会显示为带"+"号的十字箭头样式，最后依次释放鼠标左键和Ctrl键，即可完成复制操作。

2.3.3 使用Office剪贴板复制

Excel 2013专用的Office剪贴板可以保存24次复制或剪切内容，用户在执行粘贴操作时，可以在Office剪贴板中选择上一次复制操作所保存下来的内容。

首先选中要复制的单元格区域，进行复制操作，然后选定要粘贴的目标区域，单击【开始】选项卡中的【剪贴板】命令组的【对话框启动器】，打开【Office剪贴板】窗格，在上一次复制内容中单击右侧下拉箭头，选中【粘贴】命令，即可复制表格数据。

📑 知识点滴

若要移动内容，可以先剪切数据，再打开【Office剪贴板】窗格进行粘贴操作。

2.3.4 使用【照相机】功能

除了复制粘贴功能，Excel还提供了摄影功能【照相机】命令，来完成同步显示某一区域的数据。

📑 知识点滴

将【照相机】命令添加到快速访问工具栏中，可以在【Excel选项】|【快速访问工具栏】对话框里设置。

【例2-7】使用【照相机】命令复制A1:C3区域内的数据。🎬视频

步骤 01 启动Excel 2013应用程序，在A1: C3中输入数字，然后选中该单元格区域。

步骤 02 在【快速访问】工具栏中单击【照相机】按钮，此时光标变为十字型。

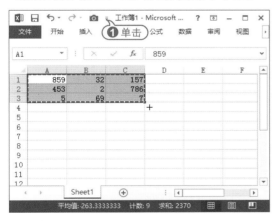

步骤 03 此时单击表格内的任何区域，会得到一个与原始区域完全相同的图片，并且该图片和原始区域保持同步，即A1:C3区域中所有改动都会自动在复制图片中体现出来，这就是Excel的摄影功能。

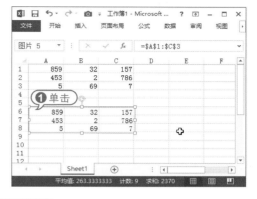

步骤 04 改动A1:C3区域中的数据，会发现图片会同步更新。这是因为使用【照相机】命令得到的图片和原始区域保持链接关系。

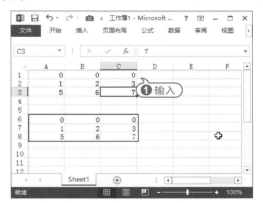

2.4 填充和序列数据

如果输入的数据本身包括某些顺序或其他的关联特性，可以使用Excel提供的填充功能快速批量地输入数据。

2.4.1 自动填充数据

在制作表格时，有时需要输入一些相同或有规律的数据。如果手动依次输入，会占用大量的时间。Excel 2013针对这类数据提供了自动填充功能，大大提高了输入效率。

1. 使用控制柄填充相同的数据

选定单元格或单元格区域时会出现一个黑色边框的选区，此时选区右下角会出现一个控制柄，将鼠标光标移动至它的上方时会变成➕形状，通过拖动该控制柄可实现数据的快速填充。

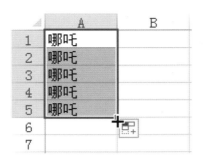

2. 使用控制柄填充有规律的数据

填充有规律数据的方法:在起始单元格中输入起始数据,在第二个单元格中输入第二个数据,然后选择这两个单元格,将鼠标光标移动到选区右下角的控制柄上,拖动鼠标左键至所需位置,最后释放鼠标即可根据第一个单元格和第二个单元格中数据之间的关系自动填充数据。

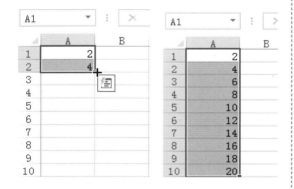

3. 使用【序列】对话框

使用【序列】对话框可以快速填充等差、等比以及日期等特殊数据。

【例2-8】在【工资表】文档中使用【序列】对话框快速填充数据。

（视频+素材）(源文件\第02章\例2-8)

步骤 01 启动Excel 2013程序,打开【工资表】工作簿。

步骤 02 选择A列,右击打开快捷菜单,选择【插入】命令,插入一个新列。在A3单元格中输入"编号",在A4单元格中输入"1"。

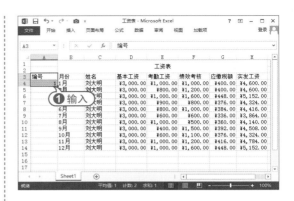

步骤 03 选定A4:A14单元格区域,选择【开始】选项卡,在【编辑】选项组中单击【填充】下拉按钮,在弹出的菜单中选择【序列】命令。

步骤 04 打开【序列】对话框,在【序列产生在】选项区域中选中【列】单选按钮;在【类型】选项区域中选中【等差序列】单选按钮;在【步长值】文本框中输入1,然后单击【确定】按钮。

实战技巧

在【终止值】文本框中输入一个正值或负值来指定序列的终止值。如果未到达终止值而所选区域已经填充完毕，序列就停止在所填充处。如果所选区域大于序列，剩余的单元格将保持空白。填充数据序列时无须在【终止值】文本框中指定值。

步骤 05 此时表格内自动填充步长为1的等差数列，效果如下图所示。

2.4.2 【序列】对话框选项

在【开始】选项卡的【编辑】组中，单击【填充】按钮旁的倒三角按钮，在弹出的快捷菜单中选择【系列】命令，打开【序列】对话框。在【序列产生在】、【类型】和【日期单位】选项区域中分别选择需要的选项，然后在【预测趋势】、【步长值】和【终止值】等选项中进行选择，完成填充的序列设置。

【序列】对话框中各选项的功能如下。

● 【序列产生在】选项区域：该选项区域可以确定序列是按选定行还是按选定列来填充。选定区域的每行或每列中第一个单元格或单元格区域的内容将作为序列的初始值。

● 【类型】选项区域：该选项区域可以选择需要填充的序列类型。

★ 【等差序列】：创建等差序列或最佳线性趋势。如果取消选中【预测趋势】复选框，线性序列将通过逐步递加【步长值】文本框中的数值来产生；如果选中【预测趋势】复选框，将忽略【步长值】文本框中的值，线性趋势将在所选数值的基础上计算产生。所选初始值将被符合趋势的数值所代替。下图为步长值为3的等差序列填充。

	A
1	1
2	4
3	7
4	10
5	13
6	16
7	19
8	22
9	25
10	28
11	31

★ 【等比序列】：创建等比序列或几何增长趋势。下图为步长值为3的等比序列填充。

	A
1	1
2	3
3	9
4	27
5	81
6	243
7	729
8	2187
9	6561
10	19683

★【日期】：用日期填充序列。日期序列的增长取决于用户在【日期单位】选项区域中所选择的选项。如果在【日期单位】选项区域中选中【日】单选按钮，那么日期序列将按天增长。下图是步长值为3并且以日为单位的日期序列。

	A
1	2014/5/4
2	2014/5/7
3	2014/5/10
4	2014/5/13
5	2014/5/16
6	2014/5/19
7	2014/5/22
8	2014/5/25
9	2014/5/28
10	2014/5/31

★【自动填充】：根据包含在所选区域中的数值，用数据序列填充区域中的空白单元格，该选项与通过拖动填充柄来填充序列的效果相同。【步长值】文本框中的值与用户在【日期单位】选项区域中选择的选项都将被忽略。

★【日期单位】选项区域：在该选项区域中，可以指定日期序列是按天、按工作日、按月还是按年增长。只有在创建日期序列时此选项区域才有效。

◢【预测趋势】复选框：对于等差序列，计算最佳直线；对于等比序列，计算最佳几何曲线。趋势的步长值取决于选定区域左侧或顶部的原有数值。如果选中此复选框，则【步长值】文本框中的任何值都将被忽略。

◢【步长值】文本框：输入一个正值或负值来指定序列每次增加或减少的值。

◢【终止值】文本框：在该文本框中输入一个正值或负值来指定序列的终止值。如果未到达终止值而所选区域已经填充完毕，序列就停止在所填充处。如果所选区域大于序列，剩余的单元格将保持空白。填充数据序列时无须在【终止值】文

本框中指定值。

2.4.3 填充选项

自动填充完成后，填充区域的右下角会出现【填充选项】按钮，单击该按钮会弹出更多填充选项的单选按钮命令。

在此扩展菜单中，用户可以为填充选择不同的方式，如仅填充格式、不带格式填充以及快速填充等，还可以将填充方式改为复制单元格，使数据不再按照序列顺序递增，而是与最初的单元格保持一致。

此外，用户还可以右键拖动单元格，释放右键时会弹出快捷菜单，该菜单内的命令和【填充按钮】中的命令一致，显示了本次填充可以选用的类型。

2.5 查找和替换数据

如果要在一份较大的工作表或工作簿中查找一些特定的字符串，逐一查看每个单元格过于繁琐，使用Excel 2013提供的查找和替换功能可以方便地查找和替换需要的内容。

2.5.1 查找匹配单元格

在Excel 2013中，用户既可以查找出包含相同内容的所有单元格，也可以查找出与活动单元格中内容不匹配的单元格。它的应用进一步提高了编辑和处理数据的效率。

【例2-9】在【工资表】文档中查找值为1000的单元格位置。

(视频+素材) (源文件\第02章\例2-9)

步骤 01 启动Excel 2013程序，打开【工资表】工作簿。

步骤 02 在【开始】选项卡的【编辑】组中单击【查找和选择】按钮，在弹出的快捷菜单中选择【查找】命令。

步骤 03 打开【查找和替换】对话框的【查找】选项卡，在其中单击【选项】按钮。

步骤 04 在【查找内容】文本框中输入"1000"，在【范围】下拉列表框中选择【工作表】选项，然后单击【查找全部】按钮。

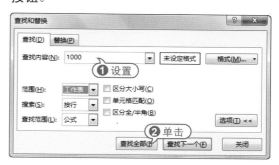

步骤 05 Excel开始查找整个工作表，完成后在对话框下部的列表框中显示所有满足搜索条件的内容。

步骤 06 此时，单击列表框中的选项，即可在工作表中跳转至该单元格。

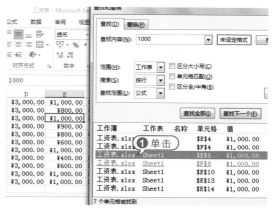

2.5.2 使用通配符查找

用户有时需要搜索一类有规律的数据，比如以 A开头的编码、包含9的电话号码等，而无法使用完全匹配的方式来查找，这时可以使用Excel提供的通配符进行模糊查找。

在Excel里，有两个可用的通配符可以用于模糊查找，分别是半角问号"?"和星号"*"。"?"可以在搜索目标中代替任意单个的字符，"*"可以代替任意多个连续的字符。

【例2-10】在【工资表】文档中查找以"6"结尾的数据。

(视频+素材) (源文件\第02章\例2-10)

步骤 01 启动Excel 2013程序，打开【工资表】工作簿。

步骤 02 在【开始】选项卡的【编辑】组中单击【查找和选择】按钮，在弹出的快捷菜单中选择【查找】命令。

步骤 03 打开【查找和替换】对话框中的【查找】选项卡，单击在其中的【选项】按钮。

步骤 04 在【查找内容】文本框中输入"*6"，选中【单元格匹配】复选框，然后单击【查找全部】按钮。

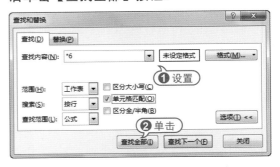

步骤 05 Excel即会开始查找整个工作表，完成后将在对话框下部的列表框中显示所有满足搜索条件的内容。

步骤 06 此时，单击列表框中的选项，即可在工作表中跳转至该单元格。

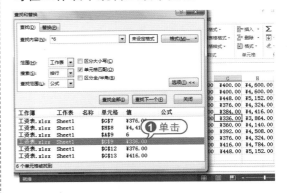

实战技巧

如果要查找通配符本身，可以在【查找内容】文本框内通配符前输入"~"符号。

2.5.3 查找替换格式

用户可以对查找对象的格式进行设定，将具有相同格式的单元格查找出来，在进行替换数据的同时还能替换其单元格格式。

【例2-11】在【工资表】文档中用查找替换的方式将红色单元格转变为绿色，蓝色单元格转变为黄色。

 (视频+素材) (源文件\第02章\例2-11)

步骤 01 启动Excel 2013程序，打开【工资表】工作簿。

步骤 02 选定A3单元格，在【开始】选项卡中单击【字体】组里的【填充颜色】下拉按钮，选择红色。

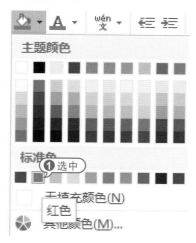

步骤 03 此时A3单元格填充为红色，使用相同的方法，将B3单元格填充为蓝色。

步骤 04 将C3:H3填充为红蓝色相间的格式。

步骤 05 在【开始】选项卡的【编辑】组中单击【查找和选择】按钮，在弹出的快捷菜单中选择【查找】命令。

步骤 06 打开【查找和替换】对话框的【查找】选项卡，单击【选项】按钮。

步骤 07 单击【格式】按钮右侧的下拉按钮，在下拉菜单中选择【从单元格选择格式】命令。

步骤 08 此时光标变为吸管形状，单击目标单元格，这里单击A3单元格，提取该单元格格式。

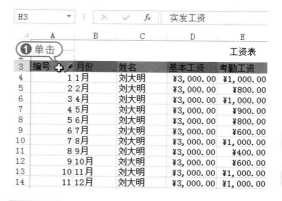

步骤 09 返回【查找和替换】对话框，单击【查找全部】按钮后，会列出所有与A3

单元格格式相同的单元格。

步骤 10 选择【替换】选项卡,单击【替换为】后面的【格式】按钮。

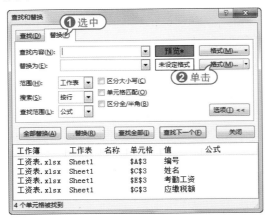

步骤 11 打开【替换格式】对话框,选择【填充】选项卡,在【背景色】区域内选择绿色,然后单击【确定】按钮。

步骤 12 返回【查找和替换】对话框,在【替换】选项卡里单击【全部替换】按钮,弹出提示对话框表示已经进行替换,单击【确定】按钮。

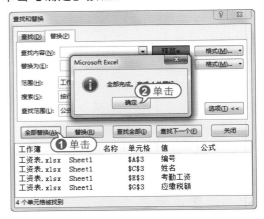

步骤 13 此时,所有红色填充单元格都已经变为绿色单元格。

步骤 14 返回【查找和替换】对话框,单击【格式】按钮右侧的下拉按钮,在下拉菜单中选择【从单元格选择格式】命令。

步骤 15 此时光标变为吸管形状,单击目标单元格,这里单击B3单元格,提取该单元格格式。

步骤 16 返回【查找和替换】对话框,单击【查找全部】按钮,此时会列出所有与B3单元格格式相同的单元格。

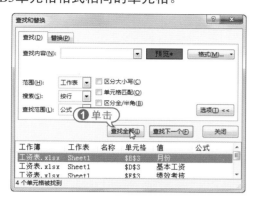

步骤 17 选择【替换】选项卡,单击【替换为】后面的【格式】按钮。打开【替换格式】对话框,选择【填充】选项卡,在【背景色】区域里选择黄色,然后单击【确定】按钮。

步骤 18 返回【查找和替换】对话框,在【替换】选项卡里单击【全部替换】按钮,弹出提示对话框表示已经进行替换,

单击【确定】按钮。

步骤 19 此时所有蓝色填充单元格都已经变为黄色单元格。

实战技巧

　　在【查找和替换】对话框中,单击【选项】按钮可以显示更多查找和替换选项,比如在【范围】下拉列表中,可以选择查找的目标范围是当前工作表还是整个工作簿;【搜索】下拉列表中,有【按行】和【按列】两种选择;【查找范围】下拉列表中,有【公式】、【值】、【批注】3种选择。选中【单元格匹配】复选框,可以选择查找目标单元格是否仅包含需要查找的内容等。

2.6 实战演练

　　本章的实战演练是将数据转换成表和将数据填充到其他工作表中两个综合实例操作,用户可以通过练习巩固本章所学知识。

2.6.1 将数据转换成表

　　有些比较大的表格中包含标题行或标题

列用于区分数据的排列。如果数据繁多,当用户向下滚动表格时可能会不清楚相关数据单元格属于哪个组别，这时可以使用将数据转换为表的功能来解决该问题。

【例2-12】将【工资表】工作表中单元格区域转换为表，然后再将表转换为普通单元格。

视频+素材（源文件\第02章\例2-12）

步骤 01 启动Excel 2013程序，打开【工资表】工作簿，选定任意一个单元格。

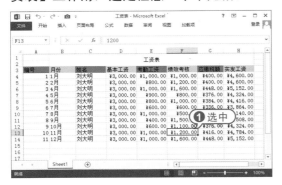

步骤 02 选择【插入】选项卡，单击其中的【表格】按钮。

步骤 03 打开【创建表】对话框，输入设置表范围，这里选择A3:H14单元格区域，在【表数据的来源】输入框内输入"=$A$3:$H$14"，然后选中【表包含标题】复选框，单击【确定】按钮。

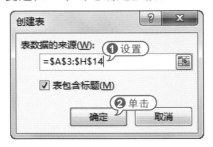

步骤 04 此时将数据区域转换为表，当向下滚动窗口导致标题行不可见时，只要选定任意属于表区域A3:H14中的单元格，那么当前表的标题行内容将充当列标显示。

步骤 05 如果要将表转换为普通单元格区域，可以先选定表内任意一个单元格，选择【表工具】|【设计】选项卡，单击【转换为区域】按钮。

步骤 06 在弹出的提示框中单击【是】按钮，如下图所示。

步骤 07 此时表格中的表又转换为普通单元格区域。

2.6.2 将数据填充到其他工作表

在进行数据处理时，有时需要将当前工作表数据应用到其他工作表中时，此时除了使用复制的方法以外，还可以使用填充的方式进行操作，下面介绍具体的操作方法。

【例2-13】将【工资表】工作表中A3:H14单元格区域数据填充到其他工作表中。

▶(视频+素材)(源文件\第02章\例2-13)

步骤 01 启动Excel 2013程序，打开【工资表】工作簿的【Sheet1】工作表。

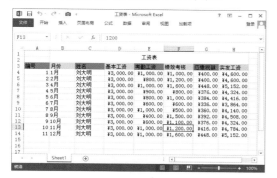

步骤 02 单击⊕按钮，新建工作表【Sheet2】。

步骤 03 按住Ctrl键，同时选中【Sheet1】和【Sheet2】工作表。

步骤 04 在源工作表【Sheet1】中选择A3:H14单元格区域。

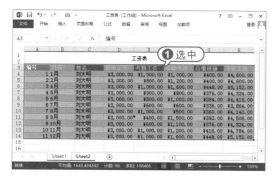

步骤 05 在【开始】选项卡的【编辑】组中单击【填充】按钮，在下拉菜单中选择【成组工作表】命令。

步骤 06 打开【填充成组工作表】对话框，选择需要填充的内容，这里选中【全部】单选按钮，然后单击【确定】按钮。

🔷 **实战技巧**

在【填充成组工作表】对话框中，选中【全部】单选按钮，表示将选中的所有单元格数据和格式进行填充；选择【内容】单选按钮，将填充单元格中的公式和数值等内容；选择【格式】单选按钮，则将填充除行高和列宽之外的单元格格式。此外还要注意，单元格批注是一种对象，不属于【内容】的范畴。

步骤 07 此时【Sheet1】工作表中的A3:H14单元格区域数据，全部都填充到【Sheet2】工作表中。

部显示，效果如下图所示。

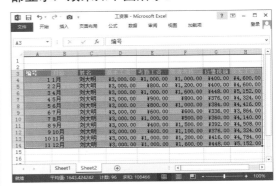

步骤 08 调整其中的列宽，使数据都能全

专家答疑

» 问：如何查找姓"张"的三个字的人名？

答：用户可以选择【开始】|【查找和选择】|【查找】命令，打开【查找和替换】对话框，在【查找内容】文本框内输入"张??"，选中【单元格匹配】复选框，然后单击【查找全部】按钮，即可在工作表内查找姓"张"的三个字的人名。

读书笔记

第3章

表格格式化技巧

Excel 2013提供了丰富的格式化命令，用户可以通过具体设置工作表与单元格的格式来增强表格的外观。本章主要介绍单元格格式、数据格式以及条件格式等格式的使用技巧。

3.1 设置单元格格式

在Excel 2013中，为了使工作表中的某些数据醒目和突出，也为了使整个版面更为丰富，通常需要对不同的单元格设置不同的字体和对齐方式，以及边框和底纹。

3.1.1 设置字体和对齐方式

表格中的字体和对齐方式都可以在【开始】选项卡中进行设置。

【例3-1】新建【产品报价】文档，在工作表中输入数据，设置单元格的字体格式和对齐方式。

📹 视频+素材 (源文件\第03章\例3-1)

步骤 01 启动Excel 2013应用程序，新建一个名为"产品报价"的文档，将【Sheet1】工作表改名为"陶瓷工艺"，并输入表格数据。

步骤 02 选定B3:G7单元格区域，在【开始】选项卡的【对齐方式】组中单击【居中】按钮，设置文本居中对齐。

步骤 03 选定D3:D7单元格区域，在【对齐方式】组中单击【自动换行】按钮，设置

文本超过单元格宽度时自动换行显示。

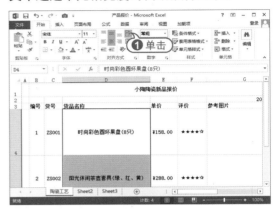

步骤 04 选定B1:G7单元格区域，在【字体】组的【字号】下拉列表框中选择14选项；然后选定B1单元格，在【字体】组的【字体】下拉列表框中选择【华文细黑】选项，在【字体颜色】面板中选择【深蓝】色块，并且单击【加粗】按钮。

步骤 05 使用同样的方法，设置表格标题字形为【加粗】，字体颜色为【红色】；产品价格的字体颜色为【紫色】；评价中的字符颜色为【橙色，强度文字颜色6】；日期文本字形为【下划线】。

3.1.2 设置边框和底纹

默认情况下，Excel并不为单元格设置边框，工作表中的框线在打印时并不显示。但在一般情况下，用户在打印工作表或突出显示某些单元格时，需要添加一些边框和底纹以使工作表更美观。

【例3-2】在【产品报价】文档的工作表中设置边框和底纹。

【视频+素材】(源文件\第03章\例3-2)

步骤 01 启动Excel 2013应用程序，打开【产品报价】工作簿的【陶瓷工艺】工作表。

步骤 02 选定B3:G7单元格区域，打开【开始】选项卡，在【字体】组中单击【边框】下拉按钮 田▼，从弹出的菜单中选择【其他边框】命令，打开【设置单元格格式】对话框。

步骤 03 选择【边框】选项卡，在【线条】选项区域的【样式】列表框中选择右列第6行的样式，在【预置】选项区域中单击【外边框】按钮，为选定的单元格区域设置外边框。

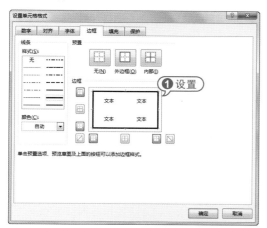

步骤 04 在【线条】选项区域的【样式】列表框中选择左列第4行的样式，在【颜色】下拉列表框中选择【深蓝，文字2，深色25%】选项，在【预置】选项区域中单击【内部】按钮，然后单击【确定】按钮，完成边框的设置。

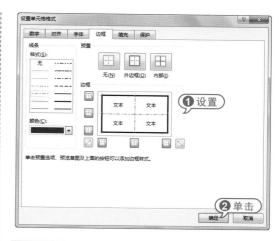

步骤 05 此时，表格添加了外部和内部边框，效果如下图所示。

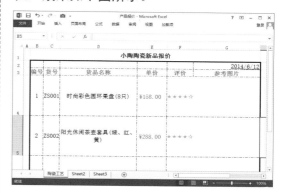

步骤 06 选定表格标题所在的单元格B1，打开【设置单元格格式】对话框的【填充】选项卡，在【背景色】选项区域中选择一种颜色，在【图案颜色】下拉列表中选择【白色】色块，在【图案样式】下拉列表中选择一种图案样式，然后单击【确定】按钮。

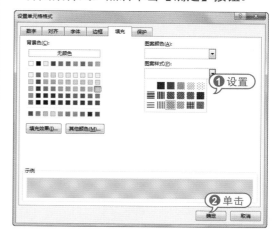

步骤 07 此时，为标题单元格应用设置的底纹。

步骤 08 使用同样的方法，设置表格列标

题底纹为【水绿色】，设置表格B4:C7单元格区域底纹为【紫色】。

3.2　制作表格斜表头

在制作表格时，用户可以添加斜的表头，从而更直观地显示表格信息，此外还可以创建斜向的文字表头。

3.2.1　添加斜表头

在Excel 2013中添加单线斜表头，可以在【设置单元格格式】对话框中的【边框】选项卡中设置。

【例3-3】在【产品报价】文档的工作表中添加斜表头。

（视频+素材）(源文件\第03章\例3-3)

步骤 01 启动Excel 2013应用程序，打开【产品报价】工作簿的【陶瓷工艺】工作表。

步骤 02 选定A3单元格，调整其行高和列宽。选择【开始】选项卡，在【字体】组中单击【边框】下拉按钮，选择【其他边框】命令。

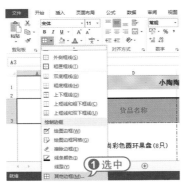

步骤 03 打开【设置单元格格式】对话框的【边框】选项卡，在【线条】|【样式】列表中选择左列第7个线条样式，单击【边框】栏中的斜线按钮，然后单击【确定】按钮。

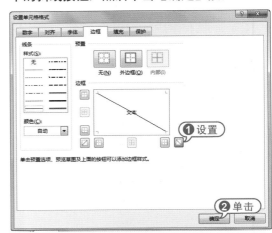

步骤 04 返回工作表，A3单元格中添加了单线斜表头。

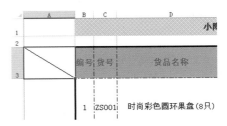

创建斜表头，还可以使用绘图形状工具。在【插入】选项卡的【插图】组中单击【形状】按钮，在下拉列表中选择【线条】栏里的【直线】选项。

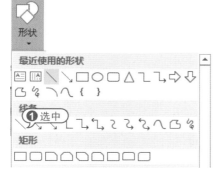

使用鼠标在单元格中拖拽绘制一条斜线，绘制完毕后，还可以选择该线条，进行长度和位置的调整，效果如下图所示。

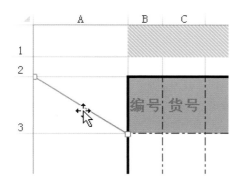

3.2.2 为斜表头添加文字

在Excel中，在斜表头中添加文字比较方便的方法就是使用文本框。

【例3-4】在【产品报价】文档的工作表中的斜表头中添加文字。

（视频+素材）(源文件\第03章\例3-4)

步骤 01 启动Excel 2013应用程序，打开【产品报价】工作簿的【陶瓷工艺】工作表。

步骤 02 打开【插入】选项卡，在【文本】组中单击【文本框】下拉按钮，在下拉菜单中选择【横排文本框】命令。在表格中单击，在出现的文本框中输入"文

字"文本。

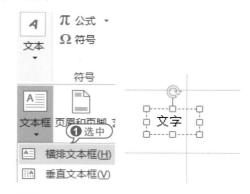

步骤 03 选中整个文本框，在【开始】选项卡的【字体】组中设置字体为"华文琥珀"，字号为12，字体颜色为红色。

步骤 04 拖动文本框至斜表头，设置文本框的大小和位置。

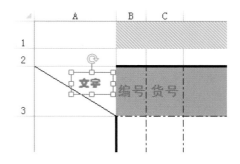

步骤 05 使用相同的方法，制作文本框，输入"图片"文本，然后将其拖动至斜表头内，设置其大小和位置。

3.2.3 制作斜向文字

为了美化工作表，有时需要使表头文字倾斜位置，这就需要改变单元格中文字的倾斜角度。

【例3-5】在【产品报价】文档的工作表中制作斜向文字。

[视频+素材] (源文件\第03章\例3-5)

步骤 01 启动Excel 2013应用程序，打开【产品报价】工作簿的【陶瓷工艺】工作表。

步骤 02 选中C3:G3单元格区域，在【开始】选项卡中单击【对齐方式】组中的【方向】下拉按钮，选择其下拉菜单的【设置单元格对齐方式】命令。

步骤 03 打开【设置单元格格式】对话框的【对齐】选项卡，在【方向】栏的【度】微调框内输入文字旋转角度，这里输入"45"，然后单击【确定】按钮。

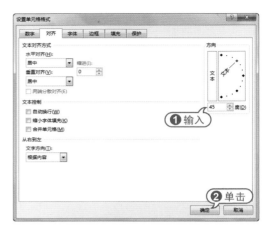

步骤 04 此时，选中单元格区域例的文字会呈45度角旋转。

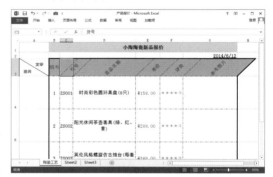

(知识点滴)

在【对齐】选项卡中，还可以改变文字的方向。单击【方向】栏的竖排【文本】按钮，然后单击【确定】按钮，即可将文字呈竖排显示。

3.3 设置单元格样式

样式就是字体、字号和缩进等格式设置特性的组合。Excel 2013自带了多种单元格样式，可以对单元格方便地套用。同样，用户也可以自定义所需的单元格样式。

3.3.1 套用内置单元格样式

用户如果要使用Excel 2013的内置单元格样式，可以先选中需要设置样式的单元格或单元格区域，再对其应用内置的样式。

首先选中单元格区域，在【开始】选项卡的【样式】选项组中单击【单元格样式】按钮，在弹出的【主题单元格样式】菜单中选择一种选项，则会自动套用该样式。

(知识点滴)

当光标停留在单元格样式菜单中的某个样式上时，Excel会自动在选定的单元格中预览显示该单元格样式的效果。

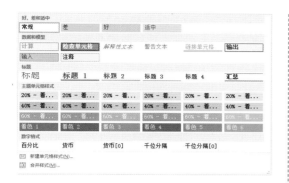

3.3.2 自定义单元格样式

除了套用内置的单元格样式外，用户还可以创建自定义的单元格样式，并将其应用到指定的单元格或单元格区域中。

【例3-6】在【产品报价】文档的工作表中，为指定的单元格自定义样式。

(视频+素材) (源文件\第03章\例3-6)

步骤 01 启动Excel 2013程序，打开【产品报价】工作簿的【陶瓷工艺】工作表。

步骤 02 在【开始】选项卡的【样式】选项组中单击【单元格样式】按钮，从弹出菜单中选择【新建单元格样式】命令。

步骤 03 打开【样式】对话框，在【样式名】文本框中输入文字"我的样式"，然后单击【格式】按钮。

步骤 04 打开【设置单元格格式】对话框，选择【字体】选项卡，设置字体、颜色和字号大小。

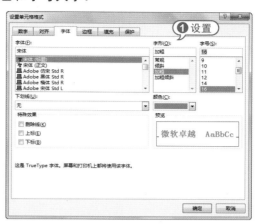

步骤 05 选择【填充】选项卡，在【背景色】选项区域中选择一种浅蓝色色块，单击【确定】按钮。

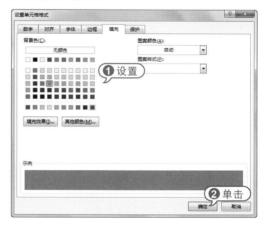

步骤 06 返回【样式】对话框，单击【确定】按钮。

步骤 07 选择A1:H1单元格区域，在单元格样式菜单中选择【我的样式】选项。

步骤 08 此时，选中单元格区域则会设置为自定义样式。

3.3.3 合并单元格样式

自定义样式将保存于工作簿中，工作簿中可以复制其他工作簿中的样式。应用Excel 2013的合并样式功能，可以从其他工作簿中提取样式，共享给当前工作簿。

【例3-7】将【产品报价】工作簿中自定义样式合并到【工作簿1】中。

（视频+素材）(源文件\第03章\例3-7)

步骤 01 启动Excel 2013程序，打开【产品报价】工作簿的【陶瓷工艺】工作表。

步骤 02 新建一个【工作簿1】的工作簿，在【开始】选项卡里单击【单元格样式】按钮，弹出【单元格样式】下拉列表，在其中选择【合并样式】命令。

步骤 03 打开【合并样式】对话框，选中【产品报价】选项，然后单击【确定】按钮。

步骤 04 此时，将【产品报价】工作簿中自定义样式合并到【工作簿1】中。

> **知识点滴**
>
> 如果当前工作簿和目标工作簿包含相同名称，但设置不同的样式，则系统会弹出对话框，询问用户是否需要覆盖当前工作簿中的同名样式。

3.3.4 快速套用预设样式

在Excel 2013中预设了一些工作表样式，套用这些工作表样式可以大大节省格式化表格的时间。

在【开始】选项卡的【样式】组中单击【套用表格格式】按钮，将弹出工作表样式菜单。

在菜单中单击要套用的工作表样式，将打开【套用表格式】对话框。单击文本框右边的 📷 按钮，选择套用工作表样式的范围，然后单击【确定】按钮，即可自动套用工作表样式。

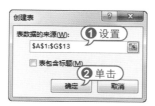

套用表格样式后，Excel 2013会自动打开【表工具】的【设计】选项卡，用户可

以在其中可以进一步选择表样式以及相关选项。

3.4 设置数据格式

输入数据以后，用户可以设置数据的格式。此外Excel 2013还提供了用户自定义数据格式的功能。

3.4.1 自定义数字格式

一般改变数字格式的方式只需选定数字所在单元格，然后在【开始】选项卡的【数字】组中单击【数字格式】下拉按钮，在下拉列表中选择常用的数字格式类型即可。

如果Excel内置的数字格式无法满足用户需要，用户可以创建自定义数字格式。

【例3-8】创建自定义数字格式。 📹视频

步骤 01 启动Excel 2013程序，选中需要设置自定义数字格式的单元格，选择【开

始】选项卡，单击【单元格】组中的【格式】按钮，在下拉菜单中选择【设置单元格格式】命令。

步骤 02 选择【数字】|【自定义】选项卡，在【类型】文本框中输入自定义的数字格式代码。比如输入"0000.00"，该代码表示输入数字比代码的位数少时，显示为无意义的0；当小数位后的数字比代码的位数多时，通过四舍五入来保留指定位数。输入完毕后单击【确定】按钮。

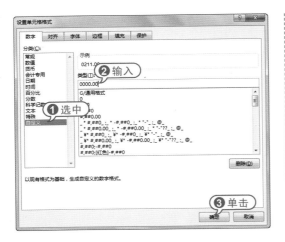

步骤 03 此时在选中单元格中输入"2.974"，则显示为"0002.97"。

知识点滴

在【数字】|【自定义】选项卡的下拉列表框中已经有很多种格式代码，用户可以选择使用。

3.4.2 设置日期格式

一般在默认情况下，当用户在单元格内输入日期或时间时，Excel会使用系统短日期格式来显示。用户可以通过更改系统的日期格式来改变Excel的日期格式。

【例3-9】更改Excel中的日期格式。 视频

步骤 01 在Windows 7系统下选择【开始】|【控制面板】选项，打开【控制面板】窗口，单击【区域和语言】图标。

步骤 02 打开【区域和语言】对话框，在【格式】选项卡中单击【其他设置】按钮。

步骤 03 打开【自定义格式】对话框，选择【日期】选项卡，在【日期格式】中的【短日期】下拉菜单中选择一个格式，或者输入需要的格式，然后连续单击【确定】按钮，关闭对话框即可完成设置。

步骤 04 此时打开Excel 2013，选择【日

期】格式输入数值，则会显示为更改后的自定义日期格式。

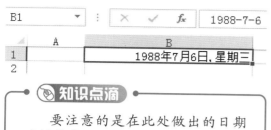

3.4.3 保留自定义格式的显示值

在默认情况下，单元格应用了数字格式只会改变单元格的显示形式，而不会改变单元格存储的内容。

在Excel 2013中，可以利用【剪贴板】的功能快速提取自定义格式的显示值。

比如选定了已经自定义数字格式的A1单元格，按Ctrl+C键进行复制。单击【开始】选项卡【剪贴板】右侧的对话框启动器按钮，打开【剪贴板】窗格，选定用于存放显示值的目标单元格A3，然后单击【剪贴板】窗格中所复制的项目。

此时粘贴在A3单元格里的内容即为原来A1单元格中的显示值，该自定义格式也将保存在A3单元格里。

3.4.4 自动添加数值单位

在单元格中输入金额数据后，有时需要附带金额单位，用户可以通过设置数据格式使Excel自动添加。

【例3-10】设置自动添加数值单位。 视频

步骤 01 启动Excel 2013程序，新建一个工作簿，在A1:A8单元格区域内输入数字。

	A	B	C
1	3724		
2	145		
3	678		
4	6215		
5	9387		
6	84		
7	5877.9		
8	6736.6		
9			
10			
11			

步骤 02 右击选中的单元格区域，选择菜单中的【设置单元格格式】命令，打开【设置单元格格式】对话框的【数字】选项卡，在【分类】列表中选择【自定义】选项，在【类型】文本框中输入""¥"0!.00"万""元""，然后单击【确定】按钮。

步骤 03 此时，表格内数值会自动添加人民币符号和单位。

3.5 创建和使用模板

对于经常性的工作或团队协作的项目来说，建立统一的范本作为工作簿或工作表的实用标准很有必要。用户可以通过创建模板来实现这些目标。

3.5.1 启动文件夹和模板文件夹

Excel默认设置了一些启动文件夹，当用户选择用本机的模板创建工作簿时，Excel会自动定位到默认的模板文件夹，供用户从中选择所需要的模板文件。

要清楚了解本机的默认模板文件夹，可以在Excel 2013中按下Alt+F+T快捷键，打开【Excel 选项】对话框，选择【信任中心】选项卡，单击【信任中心设置】按钮。

打开【信任中心】对话框，单击【受信任位置】，即可查看或修改所有默认的启动文件夹和模板文件夹所在的路径。

3.5.2 更改默认模板

在Excel 2013中，工作簿和工作表的默认模板都可以进行更改，用户可以按照自己的需求更改相关模板。

1. 更改默认工作簿模板

用户可以创建一个符合自己需求的默认工作簿，以后凡是打开Excel都默认打开该工作簿。

【例3-11】更改默认的工作簿模板。 视频

步骤 01 启动Excel 2013程序，新建一个空白工作簿。选择【页面布局】选项卡，单击【主题】按钮。

步骤 02 在弹出的菜单中选择一种文档主题的缩略图选项。

步骤 03 选择【文件】|【信息】命令，然后单击【属性】按钮弹出下拉菜单，并在该菜单中选择【高级属性】命令。

步骤 04 打开【属性】对话框，选择【摘要】选项卡，在该选项卡中填写相关信息后，单击【确定】按钮。

步骤 05 选择【文件】|【另存为】命令，双击【计算机】图标。

步骤 06 打开【另存为】对话框，在【保存类型】下拉列表中选择【Excel模板】，输入文件名为"book"，选择保存位置在【XLSTART】文件夹内，然后单击【保存】按钮。

步骤 07 设置完成后，每次启动Excel时新建的工作簿都将以创建的模板文件为蓝本。

2. 更改默认工作表模板

用户可以创建一个符合自己需求的默认工作表，作为在工作簿中插入新工作表的模板。

【例3-12】更改默认的工作表模板。 视频

步骤 01 启动Excel 2013程序，新建一个空白工作簿。对【Sheet1】工作表进行一些行高和列宽的设置。

步骤 02 选择【文件】|【另存为】命令，双击【计算机】图标。

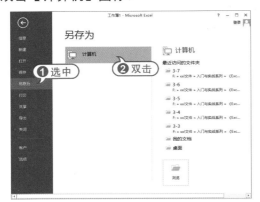

步骤 03 打开【另存为】对话框，在【保存类型】下拉列表中选择【Excel模板】，输入文件名为"sheet.xltx"，选择保存位置为【XLSTART】文件夹，然后单击【保存】按钮。

步骤 04 此时，再插入【Sheet2】工作表即为更改后的默认工作表。

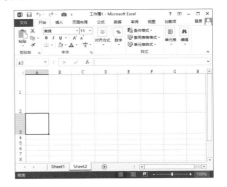

3.5.3 使用内置模板

Excel 2013为用户提供了许多内置表格模板，其中一部分随安装程序被保存到用户的模板文件中，其他模板由Office .com网站进行维护和展示，只需连接到互联网即可下载并使用这些模板。

【例3-13】下载内置模板创建工作簿。 视频

步骤 01 启动Excel 2013程序，选择【文件】|【新建】命令，在搜索框中输入"学生"，然后按Enter键，系统会显示网络里有关"学生"的工作簿模板，这里单击【学生日历】模板选项。

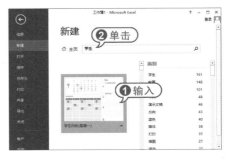

步骤 02 显示【学生日历】模板详细说明，单击【创建】按钮开始下载该模板。

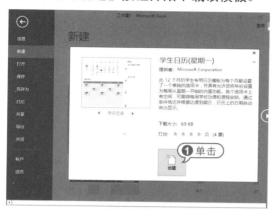

步骤 03 下载完成后该模板文件会自动保存在Excel的默认模板文件夹中，并以该模板新建一个【学生日历】工作簿文档。

3.6 使用条件格式

Excel中的条件格式功能可以根据指定的公式或数值来确定搜索条件，然后将格式应用到符合搜索条件的选定单元格中，并突出显示要检查的动态数据。

3.6.1 使用图形效果样式

在Excel 2013中，条件格式功能提供了【数据条】、【色阶】和【图标集】3种内置的单元格图形效果样式。其中数据条效果可以直观地显示数值大小对比程度，使得数据效果更为直观。

【例3-14】在【公司财务支出统计】工作簿的【本月财务支出统计】工作表中以数据条形式来显示材料费数据。

（视频+素材）(源文件\第03章\例3-14)

步骤 01 启动Excel 2013程序，打开【公司财务支出统计】工作簿的【本月财务支出统计】工作表。

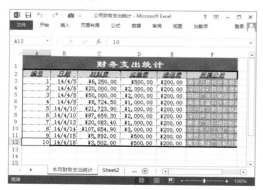

步骤 02 选定单元格区域C3:C12，在【开始】选项卡中单击【条件格式】按钮，在弹出的下拉列表中选择【数据条】命令，在继续弹出下拉列表中选择【渐变填充】列表里的【紫色数据条】选项。

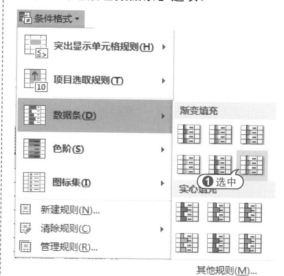

步骤 03 此时工作表内的【材料费】一列中的数据单元格内添加了紫色渐变填充的数据条效果，可以直观地对比数据。

步骤 04 用户还可以通过设置将单元格数据隐藏起来，只保留数据条效果显示。先选中单元格区域C3:C12中的任意单元格，再单击【条件格式】按钮，选择【管理规则】命令。

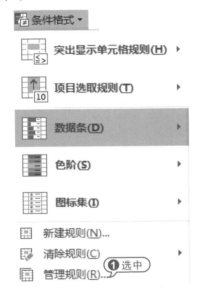

步骤 05 打开【条件格式规则管理器】对话框，选中【数据条】规则，然后单击【编辑规则】按钮。

步骤 06 打开【编辑格式规则】对话框，在【编辑规则说明】区域中选中【仅显示数据条】复选框，然后单击【确定】按钮。

步骤 07 返回【条件格式规则管理器】对话框，单击【确定】按钮即可完成设置。此时单元格区域C3:C12只有数据条的显示，没有具体的数值。

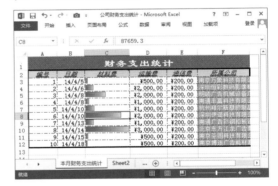

3.6.2 自定义条件格式

用户可以自定义条件格式，来查找或编辑符合条件格式的单元格。

【例3-15】在【本月财务支出统计】工作表中设置以【绿填充色深绿色文本】突出显示材料费大于50000的单元格。

（视频+素材）(源文件\第03章\例3-15)

步骤 01 启动Excel 2013程序，打开【公司财务支出统计】工作簿的【本月财务支出统计】工作表。

步骤 02 选定材料费所在的单元格区域 C3:C12，在【开始】选项卡中单击【条件格式】按钮，在弹出的菜单中选择【突出显示单元格规则】|【大于】命令。

步骤 03 打开【大于】对话框，在【为大于以下值的单元格设置格式】文本框中输入"¥50000.00"，在【设置为】下拉列表框中选择【绿填充色深绿色文本】选项，然后单击【确定】按钮。

步骤 04 此时，满足条件的格式，则会自动套用绿填充色、深绿色文本的单元格格式。

3.6.3 公式确定条件格式

用户还可以使用公式来确定条件格式，使条件格式的运用范围更加广泛。

【例3-16】在【本月财务支出统计】工作表中设置所属公司为"南京"单元格为绿色填充，并加粗倾斜字体。

(视频+素材) (源文件\第03章\例3-16)

步骤 01 启动Excel 2013程序，打开【公司财务支出统计】工作簿的【本月财务支出统计】工作表。

步骤 02 选定所属公司所在的单元格区域 F3:F12，在【开始】选项卡中单击【条件格式】按钮，在弹出的菜单中选择【新建规则】命令。

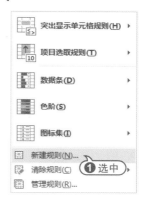

步骤 03 打开【新建格式规则】对话框，在【选择规则类型】列表框内选择【使用公式确定要设置格式的单元格】选项，在【编辑规则说明】的文本框内输入以下公式：=FIND("南京",$F3)，然后单击【格式】按钮。

步骤 04 打开【设置单元格格式】对话框，选择【字体】选项卡，在【字形】里面设置为【加粗倾斜】选项。

步骤 05 选择【填充】选项卡，在【背景色】区域里选择绿色，然后单击【确定】按钮。

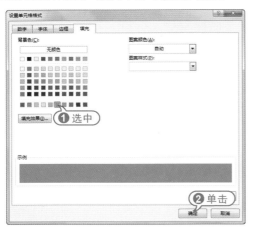

步骤 06 返回【新建格式规则】对话框，在【预览】栏内显示改变的格式，单击【确定】按钮。

步骤 07 此时，在【所属公司】一列中凡是带有"南京"的单元格都按所设置的条

件格式予以显示。

3.6.4 条件格式转单元格格式

条件格式是根据一定的条件规则设置的格式，而单元格格式是对单元格设置的格式。如果条件格式所依据的数据被删除时，会使原先的标记失效；如果需要保持原有的格式，则可以将条件格式转换为单元格格式。

【例3-17】将【例3-16】中设置了条件格式的单元格区域转换为纯粹的单元格格式。

(视频+素材) (源文件\第03章\例3-17)

步骤 01 启动Excel 2013程序，打开【公司财务支出统计】工作簿的【本月财务支出统计】工作表(例3-16的素材)。

步骤 02 首先选中并复制目标条件格式区域F3:F12，然后单击【开始】选项卡中的【剪贴板】区域里的对话框开启按钮，打开【剪贴板】窗格，并单击其中的粘贴项目。

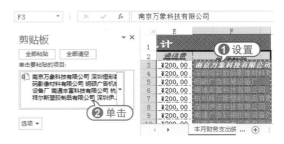

步骤 03 此时将剪贴板粘贴项目复制到F3:F12区域，并把原来的条件格式转化成单元格格式。此时如果删除原来符合条件格式的"南京"文本，单元格格式并不会发

生改变。说明条件格式已经删除，只剩下绿色填充并加粗倾斜字体的单元格格式。

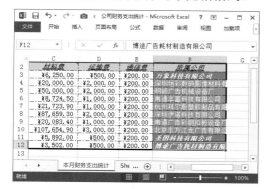

当用户不再需要条件格式时可以选择清除条件格式。清除条件格式主要有以下两种方法。

💬 在【开始】选项卡中单击【条件格式】按钮，在弹出菜单中选择【清除规则】命令，然后继续在弹出菜单中选择合适的清除范围。

💬 在【开始】选项卡中单击【条件格式】按钮，在弹出菜单中选择【管理规则】命令，打开【条件格式规则管理器】对话框，选中要删除的规则后单击【删除规则】按钮，然后单击【确定】按钮即可清除条件格式。

3.6.5　制作盈亏图

在制作不同数据对比变化的表格时，会出现数据变化比较大的情况，直接查看数据对比不够直观，用户可以用条件格式制作盈亏图对数据差异进行直观分析。

【例3-18】制作【数据对比分析表】工作簿，使用条件格式制作盈亏图对比数据。

📹 (视频+素材) (源文件\第03章\例3-18)

步骤 01 启动Excel 2013程序，制作【数据对比分析表】工作簿，并输入文本。

步骤 02 在E1单元格中输入"盈亏示意图"，并将D2:D13单元格数据复制到E2:E13中。

步骤 03 选中E2:E13单元格区域，在【开始】选项卡中单击【条件格式】按钮，在下拉菜单中选择【数据条】|【其他规则】命令。

步骤 04 在【新建格式规则】对话框的【选择规则类型】列表框中选择【基于各自值设置所有单元格的格式】选项，并选中【仅显示数据条】复选框，然后单击【确定】按钮。

步骤 05 此时返回工作簿，盈亏示意图将两个年度每个月的差异显示出来。

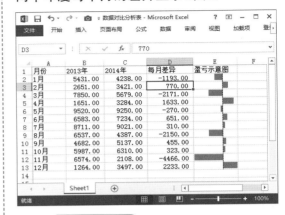

> **知识点滴**
>
> Excel允许对同一个单元格区域设置多个条件格式，用户可以在【条件格式规则管理器】对话框中调整多个条件规则的优先级。如果规则之间有冲突，则只执行优先级高的规则，比如一个规则设置单元格字体颜色为蓝色，而另一个规则设单元格字体颜色为绿色，产生冲突后Excel只会应用优先级高的规则。

3.7 实战演练

本章的实战演练部分为标记某个范围内数值综合实例操作，用户通过练习可以巩固本章所学知识。

使用条件格式可以标示出表格内一个范围内的数值。

【例3-19】在【数据对比分析表】工作簿中标示出小于7000大于3000的每月数值。

（视频+素材）(源文件\第03章\例3-19)

步骤 01 启动Excel 2013应用程序，打开【数据对比分析表】工作簿的【Sheet1】工作表。

步骤 02 选中B2:C13单元格区域(此为两年的每月数值)，在【开始】选项卡中单击【条件格式】按钮，在下拉菜单中选择【突出显示单元格规则】|【小于】命令。

步骤 03 打开【小于】对话框，在【为小于以下值的单元格设置格式】文本框中输

入"7000"，在【设置为】下拉列表中选择【绿填充色深绿色文本】选项，然后单击【确定】按钮。

步骤 04 使用Ctrl键逐个选中绿色标示单元格，然后在【开始】选项卡中单击【条件格式】按钮，在下拉菜单中选择【突出显示单元格规则】|【大于】命令。

步骤 05 打开【大于】对话框，在【为大于以下值的单元格设置格式】文本框中输入"3000"，在【设置为】下拉列表中选择【自定义格式】选项。

步骤 06 打开【设置单元格式】对话框，选择【字体】选项卡，设置字形为【常规】，字体颜色为红色。

步骤 07 选择【填充】选项卡，设置背景颜色为浅蓝色；单击【填充效果】按钮，打开【填充效果】对话框，设置颜色为【双色】，【底纹样式】为【垂直】，然后单击【确定】按钮，返回到【设置单元格式】对话框的【填充】选项卡，单击

【确定】按钮。

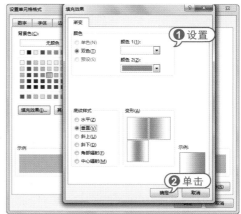

步骤 08 返回到【大于】对话框，单击【确定】按钮，此时B2:C13单元格区域中所有小于7000大于3000的数值会以红字蓝底的标示单元格显示出来。

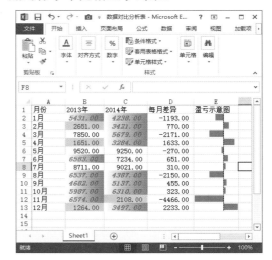

专家答疑

》 问：如何使用色阶条件格式？

答：用户可以先选定要进行条件格式的单元格区域，如此处为B2:B13区域，在【开始】选项卡中单击【条件格式】按钮，在弹出菜单中选择【色阶】|【黄-绿色阶】命令，则B2:B13单元格区域里则变为数额越大，填充颜色越接近绿色；数额越小，填充颜色越接近黄色的条件格式状态。

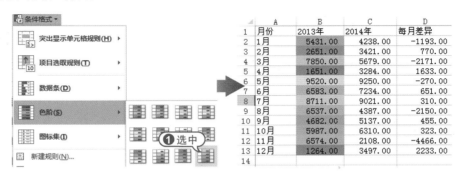

读书笔记

第4章

表格数据整理技巧

　　在Excel 2013中不仅可以输入和编辑数据，而且能够对表格中的数据进行排序、筛选、汇总等操作，帮助用户更容易地整理电子表格中的数据。本章将介绍在Excel 2013中整理电子表格数据的各种方法和技巧。

4.1 数据排序技巧

数据排序是指按一定规则对数据进行整理、排列，这样可以为数据的进一步分析处理作好准备。本节将介绍一些数据排序的相关技巧。

4.1.1 快速排序表格中的数据

Excel 2013默认的排序是根据单元格中的数据进行升序或降序排序。这种排序方式就是单条件排序。在按升序排序时，Excel 2013自动按如下顺序进行排列。

◈ 数值从最小的负数到最大的正数顺序排列。

◈ 逻辑值FALSE在前，TRUE在后。

◈ 空格排在最后。

【例4-1】创建【模拟考试成绩汇总】工作簿，按成绩从高到低重新排列表格中的数据。

▣ 视频+素材 (光盘素材\第04章\例4-1)

步骤 **01** 启动Excel 2013程序，新建一个名称为【模拟考试成绩汇总】的工作簿，并输入数据。选择【Sheet1】工作表，选中【成绩】所在的E3:E26单元格区域。

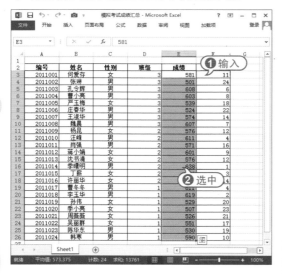

步骤 **02** 选择【数据】选项卡，在【排序和筛选】组中单击【降序】按钮 ，打开【排序提醒】对话框。选中【扩展选定区域】单选按钮，然后单击【排序】按钮。

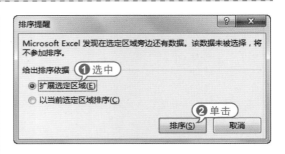

步骤 **03** 返回工作簿窗口。此时，在工作表中显示排序后的数据，即按照成绩从高到低的顺序重新排列。

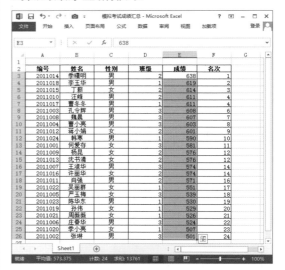

◈ **实战技巧** ◈

使用【升序】按钮进行升序排列，其结果与降序排序结果相反。

4.1.2 根据多个条件排序

多条件排序是依据多列的数据规则对工作表中的数据进行排序操作。如果使用快速排序，只能使用一个排序条件，因此当使用快速排序后，表格中的数据可能仍然没有达到用户的排序需求。这时，用户可以设置多个排序条件进行排序。

【例4-2】在【模拟考试成绩汇总】工作簿中，设置按成绩从低到高排序表格中的数据，如果分数相同，则按班级从低到高排序。

📹(视频+素材)(光盘素材\第04章\例4-2)

步骤 01 启动Excel 2013程序，打开【模拟考试成绩汇总】工作簿的【Sheet1】工作表。

步骤 02 选择【数据】选项卡，在【排序和筛选】组中，单击【排序】按钮。打开【排序】对话框，在【主要关键字】下拉列表框中选择【成绩】选项，在【排序依据】下拉列表框中选择【数值】选项，在【次序】下拉列表框中选择【升序】选项，然后单击【添加条件】按钮。

步骤 03 添加新的排序条件。在【次要关键字】下拉列表框中选择【班级】选项，在【排序依据】下拉列表框中选择【数值】选项，在【次序】下拉列表框中选择【升序】选项，然后单击【确定】按钮。

知识点滴

若要删除已添加的排序条件，在【排序】对话框中选择该排序条件，然后单击上方的【删除条件】按钮即可。单击【选项】按钮，可以打开【排序选项】对话框，在其中可以设置排序方法。

步骤 04 返回工作簿窗口，即可按照多个条件对表格中的数据进行排序。

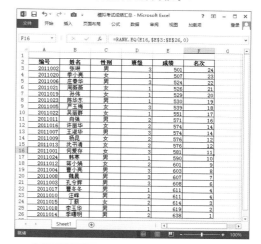

知识点滴

默认情况下，排序时把第1行作为标题栏，不参与排序。在Excel 2013中，多条件排序可以设置64个关键词。另外，若表格中存在多个合并的单元格或空白行，而且单元格的大小不同，则会影响Excel 2013的排序功能。

4.1.3 自定义排序

Excel 2013允许用户对数据进行自定义排序，通过【自定义序列】对话框可以对排序的依据进行设置。

【例4-3】在【模拟考试成绩汇总】工作簿中进行自定义排序。

📹(视频+素材)(光盘素材\第04章\例4-3)

步骤 01 启动Excel 2013程序，打开【模拟考试成绩汇总】工作簿的【Sheet1】工作表。

步骤 02 将光标定位在表格数据中，选择【数据】选项卡，在【排序和筛选】组中单击【排序】按钮，打开【排序】对话框。在【主要关键字】下拉列表框中选择【性别】选项，在【次序】下拉列表框中选择【自定义序列】选项。

步骤 03 打开【自定义序列】对话框，在【输入序列】列表框中输入自定义序列内容，然后单击【添加】按钮。

步骤 04 此时，在【自定义序列】列表框中显示刚添加的"男"、"女"序列，单击【确定】按钮，完成自定义序列操作。

步骤 05 返回【排序】对话框，此时【次序】下拉列表框内已经显示【男，女】选项，单击【确定】按钮即可。

步骤 06 最后，在该工作表中排列的顺序为先是男生，然后为女生。排序完成后工作表中内容的效果如下图所示。

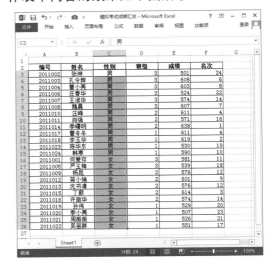

4.1.4 对姓名按汉字笔划排序

制作表格时常常需要将姓名按汉字笔划来排序，下面介绍具体的操作方法。

【例4-4】在【模拟考试成绩汇总】工作簿中按姓名笔划来排序。

（视频+素材）(光盘素材\第04章\例4-4)

步骤 01 启动Excel 2013程序，打开【模拟考试成绩汇总】工作簿的【Sheet1】工作表。

步骤 02 任选其中一个单元格，然后在【数据】选项卡的【排序和筛选】组中单击【排序】按钮。

步骤 03 打开【排序】对话框，在【主要关键字】下拉列表中选择【姓名】选项，然后单击【选项】按钮。

步骤 04 打开【排序选项】对话框，在【方法】栏中选中【笔划排序】单选按钮，然后单击【确定】按钮。

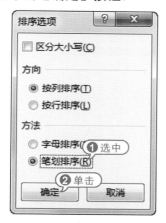

步骤 05 单击【确定】按钮关闭【排序】对话框，返回工作表，表格数据将按姓名的笔划来排序。

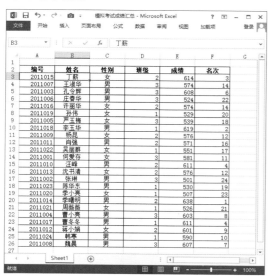

4.1.5 实现随机排序

有时候用户并不希望按照既定的规则来排列数据，而是希望数据能够随机排序，比如随机抽取一些数据进行抽查，下面介绍具体的操作方法。

【例4-5】 在【模拟考试成绩汇总】工作簿中进行随机排序。

(视频+素材) (光盘素材\第04章\例4-5)

步骤 01 启动Excel 2013程序，打开【模拟考试成绩汇总】工作簿中的【Sheet1】工作表。

步骤 02 在G2单元格中输入"次序"，在G3单元格中输入公式"=RAND()"。

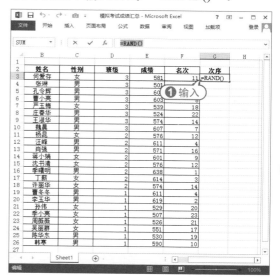

步骤 03 拖拽G2单元格填充柄直至G26单元格，完成对公式的复制。

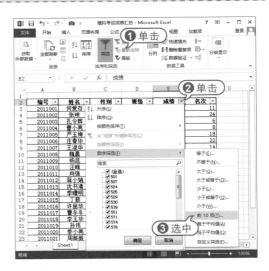

中现有的数据进行随机排序，再次单击就会再次随机排序，产生不同的结果。

步骤 04 选中G2单元格，然后在【数据】选项卡中单击【升序】按钮，就能对表格

4.2 数据筛选技巧

数据筛选功能是一种用于查找特定数据的快速方法。经过筛选后的数据清单只显示包含指定条件的数据行，以供用户浏览和分析。本节将介绍一些数据筛选的相关技巧。

4.2.1 快速筛选表格中的数据

筛选功能可以便于用户从具有大量记录的数据清单中快速查找符合某种条件记录的。使用筛选功能筛选数据时，字段名称将变成一个下拉列表框的框名。

【例4-6】在【模拟考试成绩汇总】工作簿中自动筛选出成绩最高的3条记录。

📹视频+素材 (光盘素材\第04章\例4-6)

步骤 01 启动Excel 2013程序，打开【模拟考试成绩汇总】工作簿的【Sheet1】工作表。

步骤 02 选择【数据】选项卡，在【排序和筛选】组中单击【筛选】按钮。此时，Excel电子表格将进入筛选模式，列标题单元格中添加用于设置筛选条件的菜单。

步骤 03 单击【成绩】单元格旁边的倒三角按钮，在弹出的菜单中选择【数字筛选】|【前10项】命令。

步骤 04 打开【自动筛选前10个】对话框，在【最大】右侧的微调框中输入3，然后单击【确定】按钮。

步骤 05 返回工作簿窗口，即可显示筛选出模拟考试成绩最高的3条记录，即分数最高的3个学生的信息。

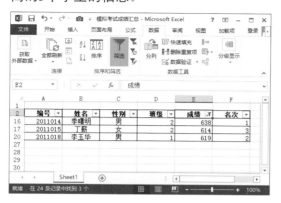

实战技巧

对于筛选出满足条件的记录，可以继续使用排序功能对其进行排序。

4.2.2 根据多个条件筛选

对筛选条件较多的情况，可以使用高级筛选功能来处理。

知识点滴

使用高级筛选功能，必须先建立一个条件区域，用来指定筛选的数据所需满足的条件。条件区域的第一行是所有作为筛选条件的字段名，这些字段名与数据清单中的字段名必须完全一致。条件区域的其他行则是筛选条件。需要注意的是，条件区域和数据清单不能连接，必须使用一个空行将其隔开。

【例4-7】在【模拟考试成绩汇总】工作簿中，使用高级筛选功能筛选出成绩大于600分的2班学生的记录。

(视频+素材) (光盘素材\第04章\例4-7)

步骤 01 启动Excel 2013程序，打开【模拟考试成绩汇总】工作簿的【Sheet1】工作表。

步骤 02 在A28:B29单元格区域中输入筛选条件，要求【班级】等于2，【成绩】大于600。

步骤 03 在工作表中选择A2:F26单元格区域，然后打开【数据】选项卡，在【排序和筛选】组中单击【高级】按钮。

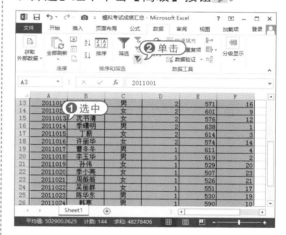

步骤 04 打开【高级筛选】对话框，单击【条件区域】文本框后面的按钮。

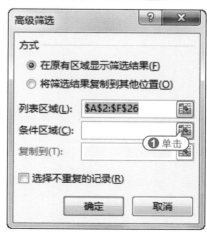

步骤 05 返回工作簿窗口，选择所输入筛选条件的A28:B29单元格区域，单击▤按钮展开【高级筛选】对话框。

步骤 06 在其中可以查看和设置选定的列表区域与条件区域，然后单击【确定】按钮。

步骤 07 返回工作簿窗口，筛选出成绩大于600分的2班学生的记录。

> **知识点滴**
>
> 用户在对电子表格中的数据进行筛选或者排序操作后，如果要清除操作，在【数据】选项卡的【排序和筛选】组中单击【清除】按钮即可。

4.2.3 筛选表格中的不重复值

重复值是用户在处理表格数据时常遇到的问题，使用高级筛选功能可以得到表格中的不重复值(或不重复记录)。

【例4-8】在【模拟考试成绩汇总】工作簿中，筛选出"名次"列中的不重复值。

▣ 视频+素材 (光盘素材\第04章\例4-8)

步骤 01 启动Excel 2013程序，打开【模拟考试成绩汇总】工作簿的【Sheet1】工作表。

步骤 02 选中任意一个单元格，单击【数据】选项卡中的【高级】按钮，打开【高级筛选】对话框，在【列表区域】框内输入"$F$3:$F$26"，代表"名次"列内的数据。选中【选择不重复的记录】复选框，然后单击【确定】按钮。

步骤 03 此时，表格内"名次"列中已经不存在重复值。

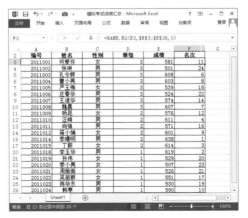

4.2.4 模糊筛选数据

有时筛选数据的条件可能不够精确，只知道其中某一个字或内容。用户可以用通配符来模糊筛选表格内的数据。

知识点滴

Excel通配符为*和？，*代表0到任意多个连续字符，？代表仅且一个字符。通配符只能用于文本型数据，对数值和日期型数据无效。

【例4-9】在【模拟考试成绩汇总】工作簿中，筛选出姓"曹"且名字是3个字的数据。

视频+素材 (光盘素材\第04章\例4-9)

步骤 01 启动Excel 2013程序，打开【模拟考试成绩汇总】工作簿的【Sheet1】工作表。

步骤 02 选中任意一个单元格，单击【数据】选项卡中的【筛选】按钮，使表格进入筛选模式。

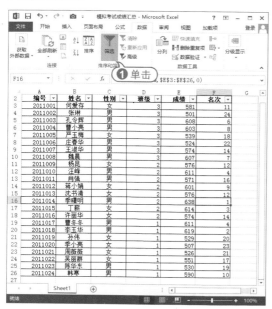

步骤 03 单击B2单元格中的下拉箭头，在弹出的菜单中选择【文本筛选】|【自定义筛选】命令。

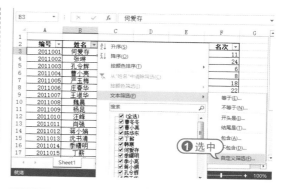

步骤 04 打开【自定义自动筛选方式】对话框，选择条件类型为【等于】，并在其后的文本框内输入"曹??"，然后单击【确定】按钮。

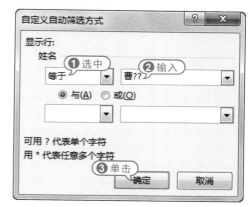

步骤 05 此时，筛选出姓"曹"且名字为3个字的数据，如下图所示。

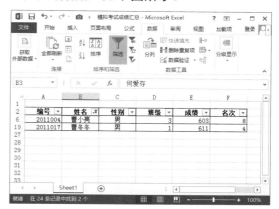

知识点滴

用户还可以使用高级筛选功能定义模糊条件，从而可以提高模糊筛选的精确度。

4.3 数据分级显示和分类汇总

分级显示可以将数据列表进行组合和汇总，快速显示摘要行和摘要列。分类汇总对数据库中指定的字段进行分类，然后统计同一类记录的有关信息。本节介绍有关数据分级显示和分类汇总的相关操作技巧。

4.3.1 建立分级显示

用户如果需要对数据列表进行组合和汇总，可以采用自动建立分级显示，也可以使用自定义样式的分级显示。

一般使用自定义方式分级显示比较灵活，用户可以根据自己的具体需要进行手动组合显示特定的数据。

【例4-10】创建【章节目录】工作簿，自定义建立分级显示数据列表。

(视频+素材)(光盘素材\第04章\例4-10)

步骤 **01** 启动Excel 2013程序，创建空白工作簿，然后在表格中输入数据，然后选中第1章所有的小节数据，即A3:A19单元格区域。

步骤 **02** 单击【数据】选项卡中的【分级显示】组中的【创建组】按钮，在下拉菜单中选择【创建组】命令。

步骤 **03** 打开【创建组】对话框，选中【行】单选按钮，单击【确定】按钮。

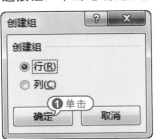

步骤 **04** 此时A3:A19单元格区域被分级显示，单击分级显示符号 `1`，将折叠第1章内容；单击分级显示符号 `2`，则重新展开第1章内容。

步骤 **05** 选中A4:A7单元格区域，选择【创建组】命令，打开【创建组】对话框，单击【确定】按钮，将1.1小节进行分组。

步骤 06 重复以上操作，将第1章项下所有小节进行分组，然后继续将第2章项下所有小节进行分组显示。

知识点滴

分级显示创建完成后，用户可以分别单击表格旁边的加号、减号、数字等显示或隐藏明细数据。

4.3.2 创建分类汇总

Excel 2013可以在数据清单中自动计算分类汇总及总计值。用户只需指定需要进行分类汇总的数据项、待汇总的数值和用于计算的函数(例如，求和函数)即可。如果使用自动分类汇总，工作表必须组织成具有列标志的数据清单。在创建分类汇总之前，用户必须先根据需要进行分类汇总的数据列对数据清单进行排序。

【例4-11】在【模拟考试成绩汇总】工作簿中，将表中的数据按班级排序后分类，并汇总各班级的平均成绩。

(视频+素材) (光盘素材\第04章\例4-11)

步骤 01 启动Excel 2013程序，打开【模拟考试成绩汇总】工作簿的【Sheet1】工作表。

步骤 02 选定【班级】列，选择【数据】选项卡，在【排序和筛选】组中单击【升序】按钮。打开【排序提醒】对话框，保

持默认设置，单击【排序】按钮，对工作表按【班级】升序进行分类排序。

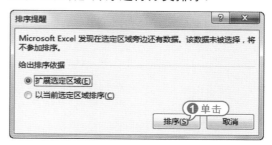

知识点滴

在分类汇总前，建议用户首先对数据进行排序操作，使得分类字段的同类数据排列在一起，否则在执行分类汇总操作后，Excel只会对连续相同的数据进行汇总。

步骤 03 选定任意一个单元格，选择【数据】选项卡，在【分级显示】组中单击【分类汇总】按钮，打开【分类汇总】对话框。在【分类字段】下拉列表框中选择【班级】选项；在【汇总方式】下拉列表框中选择【平均值】选项；在【选定汇总项】列表框中选中【成绩】复选框；分别选中【替换当前分类汇总】与【汇总结果显示在数据下方】复选框，最后单击【确定】按钮。

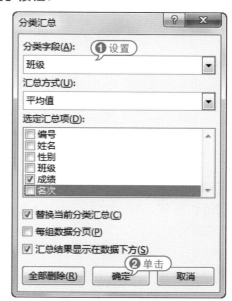

步骤 **04** 返回工作簿窗口，表中的数据按班级分类，并汇总各班级的平均成绩。

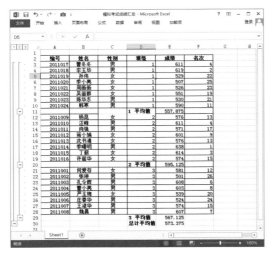

◆（知识点滴）◆

建立分类汇总后，如果修改明细数据，汇总数据将会自动更新。

4.3.3 多重分类汇总

在Excel 2013中，有时需要同时按照多个分类项来对表格数据进行汇总计算，此时的多重分类汇总需要遵循以下3个原则。

➥ 先按分类项的优先级别顺序对表格中的相关字段排序。

➥ 按分类项的优先级顺序多次执行【分类汇总】命令，并设置详细参数。

➥ 从第二次执行【分类汇总】命令开始，需要取消选中【分类汇总】对话框中的【替换当前分类汇总】复选框。

- - - - - - - - - - - - - - - - - - - ➤

【例4-12】在【模拟考试成绩汇总】工作簿中，对每个班级的男女成绩进行汇总。

▶ 视频+素材 (光盘素材\第04章\例4-12)

◀ - - - - - - - - - - - - - - - - - - -

步骤 **01** 启动Excel 2013程序，打开【模拟考试成绩汇总】工作簿的【Sheet1】工作表。

步骤 **02** 选中任意一个单元格，在【数据】选项卡内单击【排序】按钮。在弹出

的【排序】对话框中，选中【主要关键字】为【班级】，然后单击【添加条件】按钮。

步骤 **03** 在【次要关键字】中选择【性别】选项，然后单击【确定】按钮，完成排序。

步骤 **04** 单击【数据】选项卡中的【分类汇总】按钮，打开【分类汇总】对话框。在该选项框中选择【分类字段】为【班级】，【汇总方式】为【求和】，选中【选定汇总项】中的【成绩】复选框，然后单击【确定】按钮。

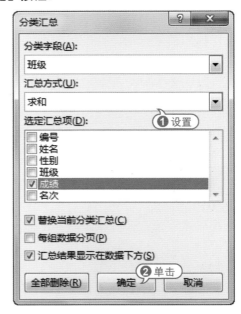

步骤 05 此时，完成第一次汇总，效果如下图所示。

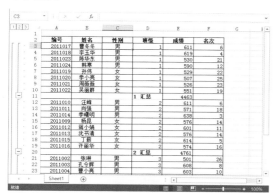

步骤 06 再次单击【数据】选项卡中的【分类汇总】按钮，打开【分类汇总】对话框。在其中选择【分类字段】为【性别】，汇总方式为【求和】，选中【选定汇总项】中的【成绩】复选框，取消选中【替换当前分类汇总】复选框，然后单击【确定】按钮。

步骤 07 此时表格同时根据【班级】和【性别】两个分类字段进行了汇总，单击【分级显示控制按钮】中的"3"，即可得到各个班级的男女成绩汇总数据。

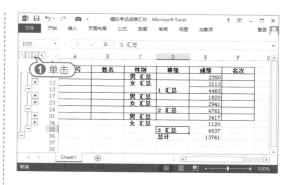

4.3.4 隐藏和显示分类汇总

为了方便查看数据，可将分类汇总后暂时不需要使用的数据隐藏，以减小界面的占用空间。当需要查看时，再将其显示。

【例4-13】在【模拟考试成绩汇总】工作簿中，隐藏除汇总外的所有分类数据，然后显示2班的详细数据。

（视频+素材）(光盘素材\第04章\例4-13)

步骤 01 启动Excel 2013程序，打开【模拟考试成绩汇总】工作簿的【Sheet1】工作表(【例4-11】所制)。

步骤 02 选定【1 平均值】所在的D11单元格，选择【数据】选项卡，在【分级显示】组中单击【隐藏明细数据】按钮，即可隐藏1班的详细记录。

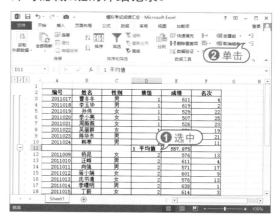

步骤 03 使用同样的方法，隐藏2班和3班的详细记录。

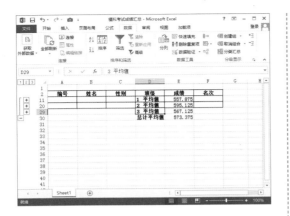

步骤 04 选定【2 平均值】所在的D20单元格，打开【数据】选项卡，在【分级显示】组中单击【显示明细数据】按钮，即可重新显示2班的详细数据。

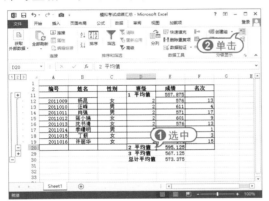

4.3.5　删除分类汇总

查看完分类汇总，当用户不再需要分类汇总表格中的数据时，可以删除分类汇总，将电子表格返回至原来的工作状态。

用户可以在【数据】选项卡的【分级显示】组中单击【分类汇总】按钮。在打开的【分类汇总】对话框中单击【全部删除】按钮，然后单击【确定】按钮，即可删除表格中的分类汇总，并返回工作簿中显示原来的电子表格。

4.4　数据合并计算

使用Excel的合并计算功能，可以将来自一个或多个源区域的数据进行汇总，并建立合并计算表。源区域与合并计算表可以在同一工作表中，也可以在同一工作簿的不同工作表中，还可以在不同的工作簿中。合并计算分为按位置合并计算和按分类合并计算两种方法。

4.4.1　按位置合并计算

按位置合并计算是按同样的顺序排列所有工作表中的数据，并将它们放在同一位置中。按位置合并时，要求每个工作表的每一条记录名称和字段名称都在相同的位置。

【例4-14】创建【第二季度个人支出表】工作簿，统计第二季度各项支出的总金额。

📹视频+素材 (光盘素材\第04章\例4-14)

步骤 01 创建一个名为【第二季度个人支出表】工作簿，该工作簿包含4张工作表，分别为【四月】、【五月】、【六月】和【个人支出统计】。

步骤 02 切换至【个人支出统计】工作表，选中C4单元格，选择【数据】选项卡，在【数据工具】组中单击【合并计算】按钮。

步骤 03 打开【合并计算】对话框，在【函数】下拉列表框中选择【求和】选项，然后单击【引用位置】文本框右侧的 圖按钮。

步骤 04 切换至【四月】工作表中，拖动鼠标左键选取C4:G4单元格区域，此时，在对话框中可以看到引用的数据源区域，单击【合并计算】对话框中的圖按钮。

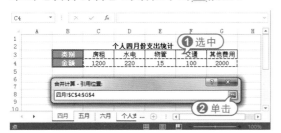

步骤 05 展开对话框，单击【添加】按钮，将引用的位置添加到【所有引用位置】列表框中。

步骤 06 使用同样的方法，添加【五月】

和【六月】工作表中的源区域，引用相同的单元格位置，此时，在【所有引用位置】列表框中可以看到引用的所有数据源区域，单击【确定】按钮。

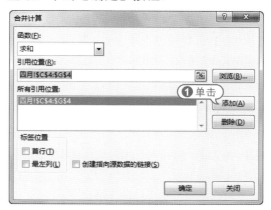

步骤 07 此时，在【个人支出统计】工作表的C4:G4单元格区域中显示了按位置合并计算的结果。

实战技巧

在【合并计算】对话框中，要删除引用，只需在【所有引用位置】区域中选中该引用，然后单击【删除】按钮即可。

4.4.2 按类别合并计算

　　如果每个数据字段所放置的位置不同，此时用户可以使用按类别合并计算功能，对数据进行合并计算。

【例4-15】在【第二季度个人支出表】工作簿中，按类别合并计算第二季度各项支出的总金额。

（视频+素材）(光盘素材\第04章\例4-15)

步骤 01 启动Excel 2013程序，打开【第二季度个人支出表】工作簿。将【四月】、【五月】和【六月】工作表中的数据源位置打乱。

步骤 02 切换至【个人支出统计】工作表，选中B3单元格，选择【数据】选项卡，在【数据工具】组中单击【合并计算】按钮，打开【合并计算】对话框。单击【引用位置】文本框右侧的按钮。

步骤 03 切换至【四月】工作表中，拖到鼠标左键选取B3:G4单元格区域，此时，在

对话框中可以看到引用的数据源区域，然后单击【合并计算】对话框中的按钮。

步骤 04 展开对话框，单击【添加】按钮，将引用的位置添加到【所有引用位置】列表框中。

步骤 05 使用同样的方法，将【五月】和【六月】工作表中的源区域添加到【所有引用位置】列表框中，在【标签位置】选项区域中分别选中【首行】和【最左列】复选框，然后单击【确定】按钮。

步骤 06 此时，在【个人支出统计】工作表的B3:G4单元格区域中显示按分类合并计算的结果。

4.4.3 创建分户汇总报表

用户可以利用合并计算功能将不同表格上的全部类别汇总到同一表格上并显示其所有明细。

【例4-16】创建【分户汇总报表】工作簿，将几个工作表的销售明细都汇总到一个表格中。

📺（视频+素材）(光盘素材\第04章\例4-16)

步骤 01 启动Excel 2013程序，创建【分户汇总报表】工作簿。添加【北京】、【上海】、【南京】以及【汇总】4个工作表，并输入数据。

步骤 02 切换至【汇总】工作表，选中A3单元格，选择【数据】选项卡，在【数据工具】组中单击【合并计算】按钮。

步骤 03 打开【合并计算】对话框，在其中单击【引用位置】文本框右侧的■按钮。

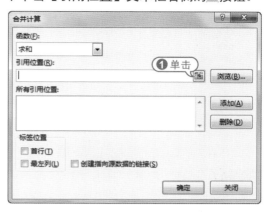

步骤 04 切换至【北京】工作表中，拖到鼠标左键选取A3:B6单元格区域，然后单击对话框中的■按钮。

步骤 05 展开对话框，单击【添加】按钮，将引用的位置添加到【所有引用位置】列表框中。

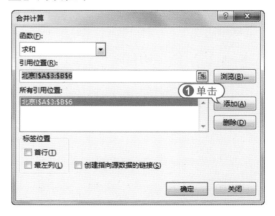

步骤 06 使用同样的方法，将【上海】和【南京】工作表中的源区域添加到【所有引用位置】列表框中，在【标签位置】选项区域中分别选中【首行】和【最左列】

复选框，然后单击【确定】按钮。

了各个城市销售额的分户汇总报表。

步骤 07 此时，在【汇总】工作表中生成

4.5 设置数据验证

数据验证功能主要用来限制单元格中输入数据的类型和范围，以防用户输入无效的数据。此外还可以使用数据验证定义帮助信息，或圈释无效数据等。

4.5.1 限制固定数据

要设置数据验证的单元格或单元格区域，用户可以在选中单元格之后，单击【数据】选项卡【数据工具】组中的【数据验证】按钮，打开【数据验证】对话框，在该对话框中用户可以进行数据有效性的相关设置。

在【设置】选项卡中的【允许】下拉菜单中内置了8种数据验证允许的条件选项，分别是【任何值】、【整数】、【小数】、【序列】、【日期】、【时

间】、【文本长度】以及【自定义】选项。下面用【整数】条件选项举例说明数据验证的设置。

【例4-17】在【模拟考试成绩汇总】工作簿中添加【固定电话】列，并限制其数据限定为7位或8位的固定电话号码。

视频+素材 (光盘素材\第04章\例4-17)

步骤 01 启动Excel 2013程序，打开【模拟考试成绩汇总】工作簿的【Sheet1】工作表。

步骤 02 在G2单元格中输入文本"固定电话"，然后选中G3:G26单元格区域，在【数据】选项卡中单击【数据验证】按钮。

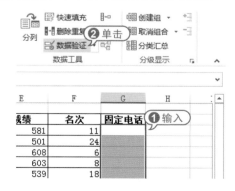

步骤 03 打开【数据验证】对话框，在【允许】下拉列表中选择【整数】，在【数据】下拉列表中选择【介于】，在【最小值】文本框中输入"1000000"，在【最大值】文本框中输入"99999999"，然后单击【确定】按钮。

步骤 04 此时，在G3:G26单元格区域输入整数数字，比如在G3单元格内输入"123456789"。

步骤 05 由于该单元格被限制在整数7位到8位数，所以系统会弹出提示框，表示输入值非法，无法输入该数值。此处单击【取消】按钮即可取消刚才输入的数值。

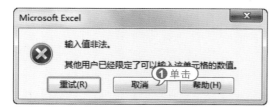

4.5.2 创建下拉菜单

在Excel工作表中常常有单元格出现下拉菜单，要创建此类下拉菜单，用户可以使用验证功能来完成。

【例4-18】在【模拟考试成绩汇总】工作簿的G3单元格中创建一个下拉菜单。

(视频+素材)(光盘素材\第04章\例4-18)

步骤 01 启动Excel 2013程序，打开【模拟考试成绩汇总】工作簿的【Sheet1】工作表。

步骤 02 在H3:H7单元格区域内分别输入文本"语文"、"数学"、"英语"、"历史"、"地理"。

步骤 03 选定G3单元格，在【数据】选项卡中单击【数据验证】按钮，打开【数据验证】对话框。在【设置】选项卡的【允许】下拉列表中选择【序列】选项，在【来源】文本框中输入"=$H$3:$H$7"，然后单击【确定】按钮。

步骤 04 此时，G3 单元格将会出现下拉

菜单按钮，单击该按钮，弹出下拉菜单，选择不同选项，比如选择"语文"，G3单元格即会显示"语文"。

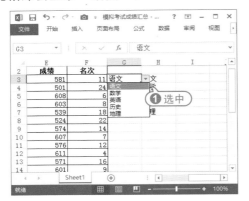

4.5.3 圈释无效数据

数据验证还具有圈释无效数据的功能，可以方便查找出错误或不符合条件的数据。

【例4-19】在【模拟考试成绩汇总】工作簿中圈出"名次"大于20的数据。

(视频+素材)(光盘素材\第04章\例4-19)

步骤 01 启动Excel 2013程序，打开【模拟考试成绩汇总】工作簿的【Sheet1】工作表。

步骤 02 选中【名次】列中数据F3:F26，单击【数据】选项卡中的【数据验证】按钮，打开【数据验证】对话框。选择【设置】选项卡，在【允许】下拉列表中选择【整数】选项，在【数值】下拉列表中选择【小于或等于】选项，在【最大值】文本框中输入"20"，然后单击【确定】按钮。

步骤 03 返回表格，在【数据】选项卡中单击【数据验证】按钮旁边的下拉按钮，在其弹出的菜单中选择【圈释无效数据】命令。

步骤 04 此时，表格内凡是"名次"大于20的数据都会被红圈圈出。

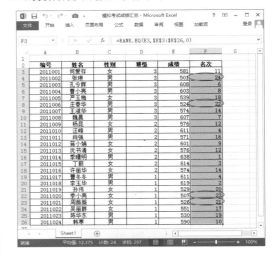

4.5.4 限制输入重复数据

在Excel中常常会发生重复输入数据的错误，使用数据验证功能可以很好地规避这一问题。

【例4-20】在【模拟考试成绩汇总】工作簿中防止重复输入数据。

(视频+素材)(光盘素材\第04章\例4-20)

步骤 01 启动Excel 2013程序，打开【模拟考试成绩汇总】工作簿的【Sheet1】工作表。

步骤 02 在G2单元格中输入"身份证号码"，然后选中G3:G26单元格区域，单击【数据】选项卡中的【数据验证】按钮，打开【数据验证】对话框。选择【设置】选项卡，在【允许】下拉列表中选择【自定义】选项，在【公式】栏里输入"=SUMPRODUCT(N($G$3:$G$26=G3))=1"，然后单击【确定】按钮。

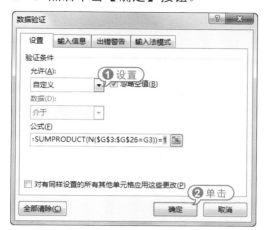

步骤 03 此时，在G3输入身份证号码，在G4中如果输入和G3相同的数据，将会弹出提示框提示为重复数据，输入无效。

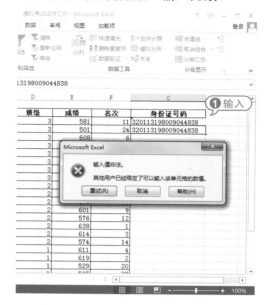

实战技巧

使用SUMPRODUCT函数计算输入的身份证号码在G列中的重复次数，设置数据验证条件是重复次数为1，大于1的即为重复数据，公式中的N函数用于将逻辑值转换为数值便于计算重复次数。

知识点滴

身份证号码需要使用文本格式输入，否则18位身份证号码将无法全部显示。

4.6 实战演练

本章的实战演练部分为创建工作簿对数据进行排序与筛选、合并计算综合实例操作，用户通过练习从而可以巩固本章所学知识。

新建工作簿，输入表格数据，然后进行排序与筛选、合并计算。

【例4-21】创建【第一季度销售统计】工作簿，对其中的数据清单进行排序、筛选和合并计算。

视频+素材（光盘素材\第04章\例4-21）

步骤 01 启动Excel 2013程序，创建【第一季度销售统计】工作簿，在其中创建【一月】、【二月】、【三月】与【合计】4个工作表，在各工作表内输入表格数据并设置其格式。

步骤 02 打开【合计】工作表，选取 D4:D11单元格区域，在【数据】选项卡的【数据工具】组中单击【合并计算】按钮。

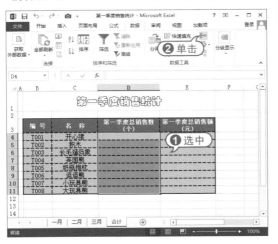

步骤 03 打开【合并计算】对话框，在【函数】下拉列表框中选择【求和】选项，然后单击【引用位置】文本框右侧的按钮。

步骤 04 选择【一月】工作表中的E4:F11单元格区域，单击按钮，返回【合并计算】对话框。

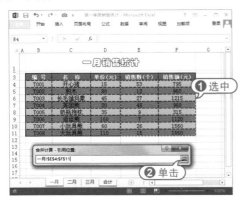

步骤 05 返回【合并计算】对话框，单击【添加】按钮，即可添加合并计算的引用位置。

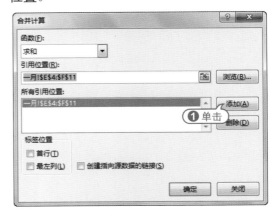

步骤 06 使用同样的方法，将【二月】工作表的E4:F11单元格区域与【三月】工作表的E4:F11单元格区域添加为引用位置。在【合并计算】对话框中添加完所有引用位置后，单击【确定】按钮。

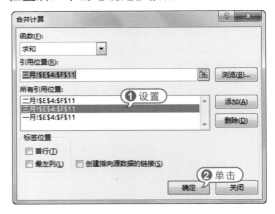

步骤 07 此时，在【汇总】工作表中统计第一季度所有商品的总销售数和总销售额。

步骤 08 在【合计】工作表中排序第一季度各商品的总销售额，帮助用户查看销售情况。在【数据】选项卡的【排序和筛选】组中单击【排序】按钮，打开【排序】对话框。

步骤 09 在【主要关键字】下拉列表框中选择【第一季度总销售数】选项；在【排序依据】下拉列表框中选择【数值】选项；在【次序】下拉列表框中选择【降序】选项。单击【添加条件】按钮，添加次要条件。

步骤 10 在【次要关键字】下拉列表框中选择【第一季度总销售额】选项；在【排序依据】下拉列表框中选择【数值】选项；在【次序】下拉列表框中选择【升序】选项，然后单击【确定】按钮完成排序。

步骤 11 下面筛选出下个季度不再进货的商品，筛选条件为第一季度总销售额低于2000并且总销售数量小于20的商品。

步骤 12 在【合计】工作表的D13:E14单元格区域中输入筛选条件，在B16单元格中输入筛选标题后的表格标题，并设置统一的表格样式和标题格式。

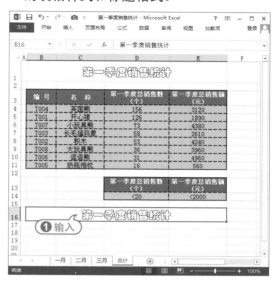

步骤 13 选取B3:E11单元格区域，在【数据】选项卡的【排序和筛选】组中单击【高级】按钮，打开【高级筛选】对话框，在【方式】选项区域选中【将筛选结果复制到其他位置】单选按钮；单击【条件区域】文本框右侧的 按钮。

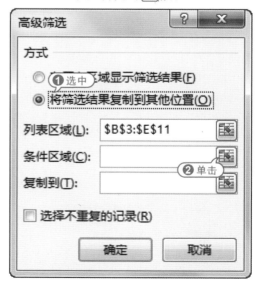

步骤 14 在【合计】工作表中选取筛选条件所在的D13:E14单元格，然后单击 按钮。

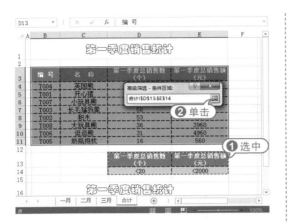

步骤 15 返回【高级筛选】对话框，单击【复制到】文本框右侧的圈按钮。在【合计】工作表中选取B18单元格区域，然后单击圈按钮。

步骤 16 返回【高级筛选】对话框，查看筛选设置，然后单击【确定】按钮。

步骤 17 返回【合计】工作表，根据条件筛选出下个季度要停止进货的商品记录。

专家答疑

>> 问：如何设置按行排序数据？

答：选择要排序的数据区域，打开【数据】选项卡，在【数据和筛选】组中单击【排序】按钮，打开【排序】对话框，单击【选项】按钮，打开【排序选项】对话框，在其中选中【按行排序】单选按钮，然后单击【确定】按钮，即可完成设置，此时即可按行排序数据。

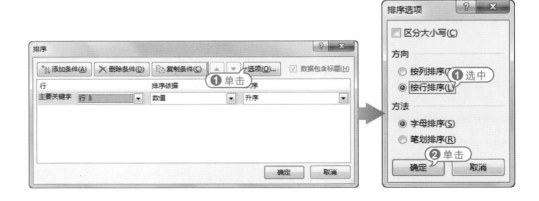

第5章

使用图表和图形

在Excel 2013电子表格中，通过插入图表可以更直观地表现表格中数据的变化趋势或分布状况，用户可以通过创建、编辑和修改各种图表来分析表格内的数据。本章主要介绍图表的制作和编辑的操作技巧。

5.1 制作迷你图

迷你图是单元格背景中的一个微型图表，可以提供数据的直观表示。使用迷你图，可以显示一系列数值的趋势(如季节性增加或减少、经济周期)，还可以突出显示最大值和最小值。

5.1.1 创建迷你图

迷你图包括折线图、列以及盈亏3种类型，在创建迷你图时，需要选择数据范围以及放置迷你图的单元格。

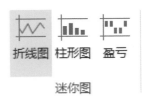

迷你图

【例5-1】创建【电脑配件销售统计】工作簿，在其中创建迷你图。

📹视频+素材 (光盘素材\第05章\例5-1)

步骤 01 启动Excel 2013程序，创建一个名为【电脑配件销售统计】的工作簿，并在【Sheet1】工作表中输入数据。

步骤 02 选中G列，在【开始】选项卡的【单元格】组中，单击【格式】按钮，从弹出的菜单中选择【列宽】命令。打开【列宽】对话框，在【列宽】文本框中输入25，单击【确定】按钮，调节G列的列宽。

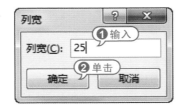

步骤 03 打开【插入】选项卡，在【迷你图】组中单击【折线图】按钮。

步骤 04 打开【创建迷你图】对话框，单击📇按钮，在工作表中选择数据范围C3:F6和位置范围G3:G6，单击📇按钮返回对话框，然后单击【确定】按钮。

步骤 05 此时，G3:G6单元格中显示创建的折线迷你图。

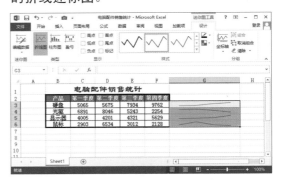

5.1.2 改变迷你图类型

用户还可以改变创建后的迷你图类型，主要分为改变一组迷你图类型和改变单个迷你图类型。

1. 改变一组迷你图类型

要改变一组迷你图类型，可以选中迷你图所在单元格，或者选中一组迷你图中任意一个单元格，比如选中G3单元格，单击【设计】选项卡中的【柱形图】按钮，即可将一组迷你图全部更改为柱形迷你图。

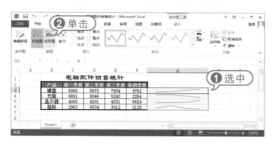

2. 改变单个迷你图类型

要改变单个迷你图类型，需要将单个迷你图独立出来，再改变迷你图类型。

比如选中G3单元格，单击【设计】选项卡中的【取消组合】按钮，取消迷你图的组合。单击【盈亏】按钮，将G3单元格的折线迷你图改变为盈亏迷你图，其他迷你图不变。

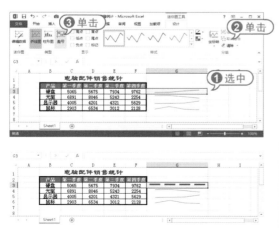

5.1.3　编辑迷你图格式

用户可以对迷你图的格式进行编辑，如在迷你图中显示数据点、应用迷你图样式和设置标记颜色等，从而可以使迷你图更为美观。

【例5-2】在【电脑配件销售统计】工作簿中编辑迷你图格式。

📹【视频+素材】(光盘素材\第05章\例5-2)

步骤 01 启动Excel 2013，打开【例5-1】创建的【电脑配件销售统计】工作簿的【Sheet1】工作表。

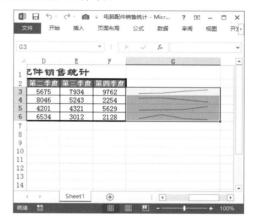

步骤 02 选取G3:G6单元格区域，打开【迷你图工具】的【设计】选项卡，在【显示】组中分别选中【高点】、【低点】和【标记】复选框，显示数据点。

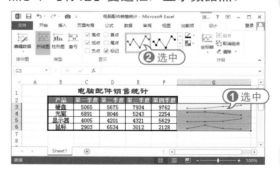

步骤 03 在【迷你图工具】的【设计】选项卡的【样式】组中单击【其他】按钮，从弹出的库列表中选择一种样式，即可应用该样式。

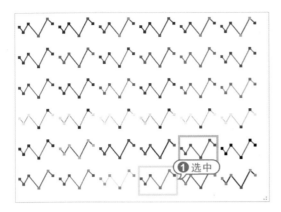

步骤 04 选取G3:G6单元格区域，打开【迷你图工具】的【设计】选项卡，在【样式】组中单击【标记颜色】按钮，从弹出的菜单中选择【高点】命令，在弹出的颜色面板选择橙色，此时迷你图的最高点的标记更改为橙色。

步骤 05 此时，编辑后的折线迷你图如下图所示。

产品	第一季度	第二季度	第三季度	第四季度	
硬盘	5065	5675	7934	9762	
光驱	6891	8046	5243	2254	
显示器	4005	4201	4321	5629	
鼠标	2903	6534	3012	2128	

电脑配件销售统计

5.2 创建图表

图表在Excel表格中能更加直观地体现数据的变换，更便于用户对数据进行对比和分析。要使用图表，首先需要创建图表。

5.2.1 创建图表的类型

Excel 2013提供了多种图表，如柱形图、折线图、饼图、条形图、面积图和散点图等，不同的图表各有优点，适用于不同的场合。

● 柱形图：可直观地对数据进行对比分析以得出结果。在Excel 2013中，柱形图又可细分为二维柱形图、三维柱形图、圆柱图、圆锥图以及棱锥图。

● 折线图：可直观地显示数据的走势情况。在Excel 2013中，折线图又分为二维折线图与三维折线图。

● 条形图：即横向的柱形图，其作用也与柱形图相同，可直观地对数据进行对比分析。在Excel 2013中，条形图又可细分为二维条形图、三维条形图、圆柱图、圆锥图以及棱锥图。

● 面积图：可以直观地显示数据的大小与走势范围，在Excel 2013中，面积图又

可分为二维面积图与三维面积图。

● 散点图：可以直观地显示图表数据点的精确值，帮助用户对图表数据进行统计计算。

知识点滴

Excel 2013包含两种样式的图表，嵌入式图表和图表工作表。嵌入式图表是将图表看作一个图形对象，并作为工作表的一部分进行保存；图表工作表是工作簿中具有特定工作表名称的独立工作表。在需要独立于工作表数据查看或编辑大而复杂的图表以及节省工作表上的屏幕空间时，就可以使用图表工作表。

无论是建立哪种图表，创建图表的依据都是工作表中的数据。图表与数据是相互联系的，当工作表中的数据发生变化时，图表也会发生变化。

在Excel 2013中，创建图表的方法有使用快捷键创建、使用功能区创建和使用图

表向导创建3种方法。下面以使用图标向导来创建图表举例说明。

【例5-3】在【电脑配件销售统计】工作簿中，使用图表向导创建图表。

📹 视频+素材 (光盘素材\第05章\例5-3)

步骤 01 启动Excel 2013程序，打开【电脑配件销售统计】工作簿的【Sheet1】工作表。

步骤 02 选择【插入】选项卡，在【图表】组中单击对话框启动器按钮，打开【插入图表】向导对话框。

步骤 03 选择【所有图表】选项卡，选择【柱形图】|【簇状柱形图】选项，选择第一个图表标题格式，然后单击【确定】按钮。

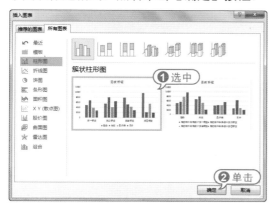

步骤 04 此时，将在图表区中显示创建的绘图区、图例及数据系列等元素。

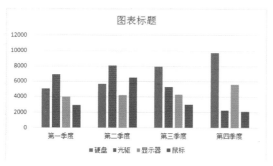

5.2.2 创建组合图表

在日常运用中有时在同一图表中需要同时使用两种图表类型，即为组合图表，比如由柱状图和折线图组成的线柱组合图表。

【例5-4】在【电脑配件销售统计】工作簿中，创建线柱组合图表。

📹 视频+素材 (光盘素材\第05章\例5-4)

步骤 01 启动Excel 2013程序，打开【例5-3】所创建的【电脑配件销售统计】工作簿的【Sheet1】工作表。

步骤 02 单击图表中【显示器】的任意一个柱体，则会选中所有有关【显示器】的数据柱体，被选中的数据柱体4个角上将显示小圆圈符号。

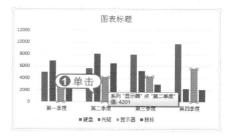

步骤 03 在【图表工具】|【设计】选项卡里单击【更改图表类型】按钮，打开【更改图表类型】对话框，选择【组合】|【自定义组合】选项，在下方列表框中的【显示器】后面下拉列表中选择【带数据标记的折线图】选项，然后单击【确定】按钮。

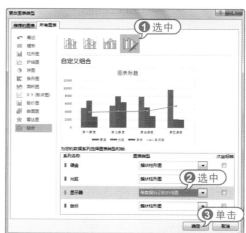

步骤 04 此时,原来【显示器】柱体变为折线,完成线柱组合图。

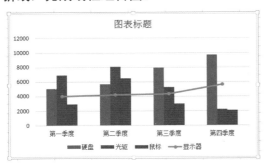

5.2.3 设置图表格式

图表创建完成后,Excel 2013自动打开【图表工具】的【设计】和【格式】选项卡,在其中可以调整图表位置和大小,还可以设置图表样式和布局等。

1. 调整图表的位置和大小

选中图表后,将光标移动至图表区,当光标变为十字箭头形状时,按住鼠标左键,拖动到目标位置后释放鼠标,即可将图表移动至该位置。

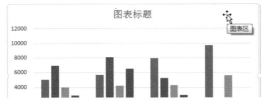

选中图表后,在【格式】选项卡中的【大小】组中可以精确设置图表的大小。

另外,还可以通过鼠标拖动的方法来设置图表的大小。将光标移动至图表的右下角,当光标变成双向箭头形状时,按住鼠标左键,向左上角拖动表示缩小图表,向左下角拖动则表示放大图表。

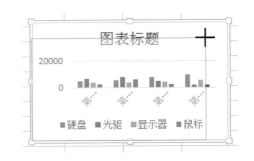

2. 选择图表的样式

创建图表后,可以将Excel 2013的内置图表样式快速应用到图表中,无须手动添加或更改图表元素的相关设置。

选定图表区,打开【图表工具】的【设计】选项卡,在【图表样式】组中单击【其他】按钮▼,打开Excel 2013的内置图表样式列表,选择一种样式,即可应用该图表样式。

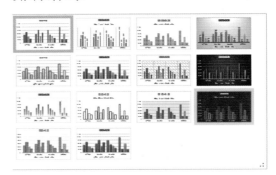

3. 设置图表布局

在【图表工具】的【布局】选项卡中可以完成设置图表的标签、坐标轴、背景等操作。

【例5-5】在【电脑配件销售统计】工作簿中,设置图表布局。

📹 视频+素材 (光盘素材\第05章\例5-5)

步骤 01 启动Excel 2013程序,打开【例5-3】所创建的【电脑配件销售统计】工作簿的【Sheet1】工作表。

步骤 02 选中图表标题,右击打开快捷菜单,选择【设置图表标题格式】命令,弹出【设置图表标题格式】窗格，在【标题选项】下选择【效果】选项，在【发光】下拉列表中选择发光的颜色为红色。

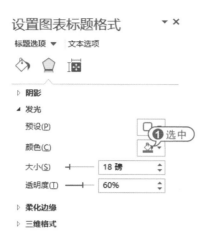

步骤 03 在【标题选项】下选择【填充线条】选项，在【填充】下拉列表中选中【渐变填充】单选按钮。

步骤 04 在【图表标题】文本框中输入文本，即可应用设置的格式。

步骤 05 单击【标题选项】下拉按钮，选择【绘图区】命令。

步骤 06 进入【设置绘图区格式】窗格，在【绘图区选项】中选中【填充】组的

【纯色填充】单选按钮，颜色设置为蓝色，透明度设置为60%。

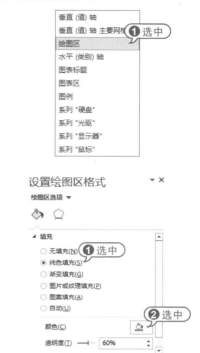

步骤 07 单击【绘图区选项】下拉按钮，选择【垂直(轴)值 主要网格线】命令，进入【设置主要网格线格式】窗格，在【主要网格线选项】|【填充线条】|【线条】选项组中选中【实线】单选按钮，设置颜色为绿色。

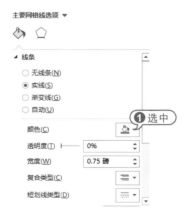

步骤 08 单击【主要网格线选项】下拉按钮，选择【图表区】命令，进入【设置图表区格式】窗格。在【图表选项】|【填充线

条】|【填充】选项组中选择【渐变填充】单选按钮。

步骤 09 此时，绘图区和图表区背景即可各自应用设置的格式。

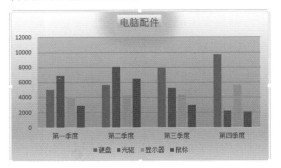

5.3　添加图表分析线

在Excel 2013中，可以为图表添加趋势线、误差线、折线以及涨跌线等线条，目的是为了对图表中的数据进行更为细致、直观的分析。

5.3.1　添加趋势线

趋势线是用图形的方式显示数据的预测趋势并可用于预测分析。运用图表进行回归分析时，可以在图表中添加趋势线来显示数据的变化趋势。

【例5-6】在【电脑配件销售统计】工作簿中添加趋势线。

(视频+素材)(光盘素材\第05章\例5-6)

步骤 01 启动Excel 2013程序，打开【例5-5】所创建的【电脑配件销售统计】工作簿的【Sheet1】工作表。

步骤 02 选中图表，在【设计】选项卡中单击【添加图表元素】按钮，选择【趋势线】|【线性】命令。

步骤 03 打开【添加趋势线】对话框，选择【鼠标】选项，然后单击【确定】按钮。

步骤 04 此时，即可为图表添加鼠标销售的趋势线。

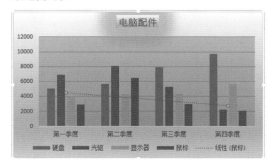

步骤 05 选中图表中的趋势线，打开【设置趋势线格式】窗格，设置【趋势线选项】下的【趋势预测】|【向前】周期为2，然后选中【显示公式】复选框。

步骤 06 此时，图表中的线性趋势线延长2个水平轴长度的刻度区间，并显示预测数值的公式。

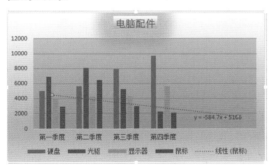

🖋 **实战技巧**

只有柱形图、条形图、折线图、XY散点图、面积图和气泡图的二维图表，才能添加趋势线，三维图表无法添加趋势线。

5.3.2 添加误差线

运用图表进行回归分析时，如果需要表现数据的潜在误差，则用户可以为图表添加误差线。

【例5-7】在【电脑配件销售统计】工作簿中添加误差线。

🎬(视频+素材)(光盘素材\第05章\例5-7)

步骤 01 启动Excel 2013程序，打开【例5-5】所创建的【电脑配件销售统计】工作簿的【Sheet1】工作表。

步骤 02 选中图表，在【设计】选项卡中单击【添加图表元素】按钮，选择【误差线】|【百分比】命令。

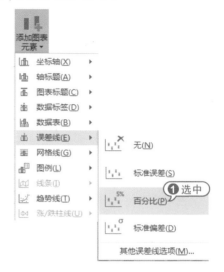

步骤 03 在图表的绘图区中，单击光驱上的误差线，选中误差线。右击弹出菜单选择【设置错误栏格式】命令，打开【设置误差线格式】窗格，在【线条】下设置误差线的颜色和宽度等。

步骤 04 此时，在光驱柱体上出现设置后的百分比误差线。

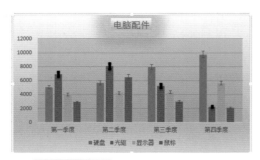

步骤 03 选中图表，在【设计】选项卡中单击【添加图表元素】按钮，选择【线条】|【系列线】命令。

实战技巧

只有柱形图、条形图、折线图、XY散点图、面积图和气泡图的二维图表，才能添加误差线，三维图表无法添加误差线。

5.3.3 添加折线

不同的图表类型可以添加不同的折线，折线包括系列线、垂直线和高低点连线。

1. 系列线

系列线是连接不同数据系列之间的折线，可以在二维堆积条形图、二维堆积柱形图、复合饼图或复合条饼图中显示。

【例5-8】在【电脑配件销售统计】工作簿中添加系列线。

（视频+素材）(光盘素材\第05章\例5-8)

步骤 01 启动Excel 2013程序，打开【例5-5】所创建的【电脑配件销售统计】工作簿的【Sheet1】工作表。

步骤 02 选中图表，在【设计】选项卡中单击【更改图表类型】按钮，打开【更改图表类型】对话框，将图表改为堆积柱形图。

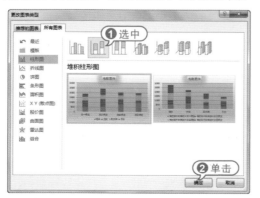

步骤 04 此时，在图表中的堆积柱形图之间显示系列线。

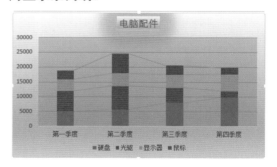

2. 垂直线

垂直线是连接水平轴与数据系列之间的折线，可以在面积图或折线图中显示。

【例5-9】在【电脑配件销售统计】工作簿中添加垂直线。

（视频+素材）(光盘素材\第05章\例5-9)

步骤 01 启动Excel 2013程序，打开【例5-5】所创建的【电脑配件销售统计】工作簿的【Sheet1】工作表。

步骤 02 选中图表，在【设计】选项卡中单击【更改图表类型】按钮，打开【更改图表类型】对话框，将图表改为堆积折线图。

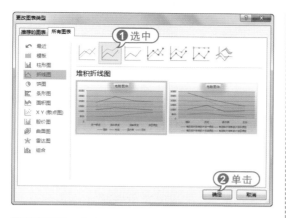

步骤 03 选中图表，在【设计】选项卡中单击【添加图表元素】按钮，选择【线条】|【垂直线】命令。

步骤 04 此时，在图表中的折线图上显示垂直线。

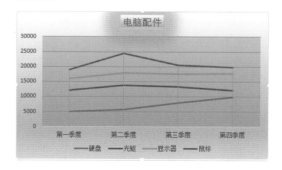

3. 高低点连线

高低点连线是连接不同数据系列的对应数据点之间的折线，可以在包含两个或两个以上数据系列的二维折线图中显示。

【例5-10】在【电脑配件销售统计】工作簿中添加高低点连线。

📺 视频+素材 (光盘素材\第05章\例5-10)

步骤 01 启动Excel 2013程序，打开【例5-9】所创建的【电脑配件销售统计】工作簿的【Sheet1】工作表。

步骤 02 选中图表，在【设计】选项卡中单击【添加图表元素】按钮，选择【线条】|【高低点连线】命令。

步骤 03 此时，在图表中的折线图上显示高低点连线。

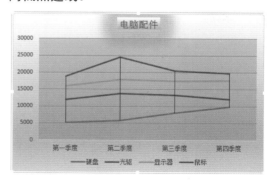

5.3.4 添加涨/跌柱线

涨/跌柱线是连接不同数据系列的对应数据点之间的柱形。可以在包含两个或两个以上数据系列的二维折线图中显示。

【例5-11】在【电脑配件销售统计】工作簿中添加涨/跌柱线。

（视频+素材）(光盘素材\第05章\例5-11)

步骤 01 启动Excel 2013程序，打开【例5-5】所创建的【电脑配件销售统计】工作簿的【Sheet1】工作表。

步骤 02 选中图表，在【设计】选项卡中单击【更改图表类型】按钮，打开【更改图表类型】对话框，将图表更改为堆积折线图。

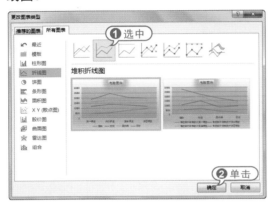

步骤 03 选中图表，在【设计】选项卡中单击【添加图表元素】按钮，选择【涨/跌柱线】|【涨/跌柱线】命令。

步骤 04 此时，在图表中的折线图上显示涨/跌柱线。

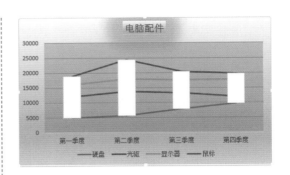

步骤 05 在图表的绘图区中，单击选中涨/跌柱线。右击弹出菜单选择【设置涨柱线格式】命令，打开【设置涨柱线格式】窗格。在【填充】选项组选中【纯色填充】单选按钮，设置【颜色】为草绿色、【透明度】为50%。

步骤 06 此时，在图表中的折线图上显示设置后的涨/跌柱线。

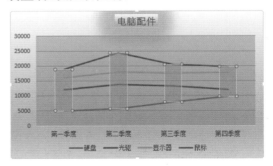

步骤 07 用户还可以调整涨/跌柱线参照数据，改变涨柱和跌柱的位置。选中图表，单击【设计】选项卡中的【选择数据】命令，打开【选择数据源】对话框，在【图

例项(系列)】框内选择【鼠标】数据系列，单击【上移】按钮，将其移至最上面，然后单击【确定】按钮。

步骤 08 此时，在图表中的折线图上显示更改后的涨/跌柱线。

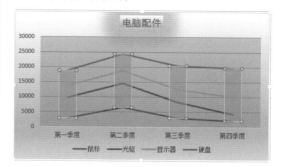

5.4 制作多种图表

Excel 2013可以制作多种类型的图表，除了用户熟悉的柱形图、线性图、面积图等，还有很多不常用但运用方便的图表类型，如股价图、雷达图等，以及特殊的动态图表。用户可以利用多种图表来准确直观地表达数据。

5.4.1 制作股价图

在股票交易中，股价图使用范围最为广泛。使用股价图，可以将各种股票每日、每周、每月的开盘价、收盘价、最高价以及最低价等涨跌变化状态用图形表现出来，从而为股票交易决策提供参考。

【例5-12】创建【股价图分析股票行情】工作簿，在其中创建并设置股价图。

(视频+素材)(光盘素材\第05章\例5-12)

步骤 01 启动Excel 2013程序，新建一个名为【股价图分析股票行情】的工作簿，在【Sheet1】工作表中输入数据。

步骤 02 选取A1:E46单元格区域，选择【插入】选项卡，在【图表】组中单击【查看所有图表】按钮，打开【插入图表】对话框，在【所有图表】选项卡例选择【股价图】|【开盘-盘高-盘低-收盘图】选项，然后单击【确定】按钮。

步骤 03 此时，系统将根据源数据自动生成一个股价图。

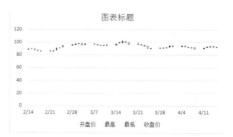

步骤 **04** 删除【图例】文本框，在【图表标题】文本框中输入标题文本，然后调整图表的位置和大小。

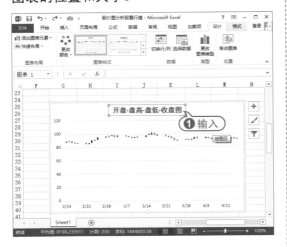

步骤 **05** 右击水平坐标轴刻度框，从弹出的快捷菜单中选择【设置坐标轴格式】命令。打开【设置坐标轴格式】对话框，选择【坐标轴选项】选项卡，设置横坐标刻度最大值、最小值和主要刻度单位。

步骤 **06** 使用同样的方法设置纵坐标刻度最大值、最小值和主要刻度单位。

步骤 **07** 设置完成后图表如下图所示。

步骤 **08** 打开【图表工具】的【设计】选项卡，在【图表样式】组中单击【其他】按钮，从弹出的列表框中选择【样式5】选项，即可快速应用图表样式。

步骤 09 选中图表，打开【图表工具】的【格式】选项卡，在【形状样式】组中单击【其他】按钮 ▼，从弹出的列表框中选择一种样式。

步骤 10 此时，股价图表设置完毕，效果如下图所示。

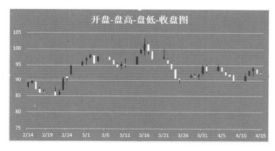

5.4.2 制作雷达图

使用雷达图，同样可以对数据变化进行分析比较。下面将以具体实例介绍创建和设置雷达图的方法。

【例5-13】创建【柜台职员销售额统计】工作簿，在其中制作并设置雷达图。

📹视频+素材 (光盘素材\第05章\例5-13)

步骤 01 启动Excel 2013程序，新建一个名为【柜台职员销售额统计】的工作簿，在【Sheet1】工作表中创建数据。

步骤 02 选取A2:B10单元格区域，选择【插入】选项卡，在【图表】组中单击【查看所有图表】按钮 ，打开【插入图表】对话框，在【所有图表】选项卡中选择【雷达图】|【带数据标记的雷达图】选项，然后单击【确定】按钮。

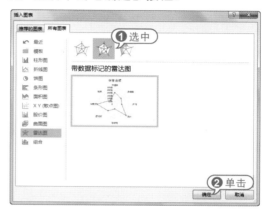

步骤 03 此时，系统会根据数据源自动在工作表中生成一个雷达图。

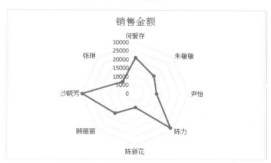

步骤 04 选中【图表标题】文本框，修改其标题内容，设置字体为【黑体】，字号为20，字体颜色为【深蓝】，调整图表的位置和大小。

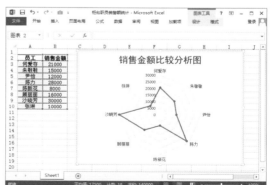

步骤 05 选择【图表工具】的【设计】选项卡，在【图表布局】组中单击【添加图表元素】按钮，从弹出的菜单中选择【图例】|【底部】命令。

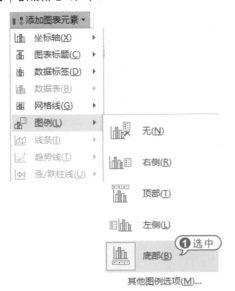

步骤 06 此时，在绘图区下方显示图例，如下图所示。

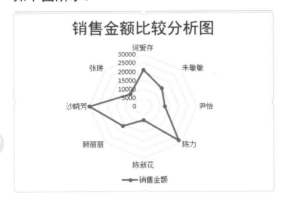

步骤 07 在图表网格线上右击，从弹出的快捷菜单中选择【设置网格线格式】命令，打开【设置主要网格线格式】窗格，选中【实线】单选按钮，设置颜色为浅绿色，【宽度】为1磅，在【短划线类型】下拉列表框中选择【圆点】选项。

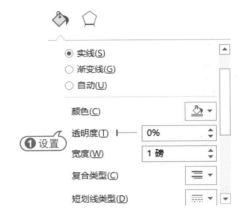

步骤 08 此时，为网格线设置了线型，显示如下图所示。

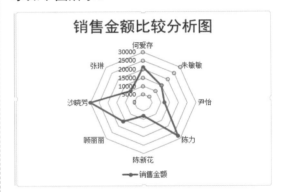

步骤 09 选择【图表工具】的【设计】选项卡，在【类型】组中单击【更改图表类型】按钮，打开【更改图表类型】对话框。选择【填充雷达图】选项，然后单击【确定】按钮。

步骤 10 选择【图表工具】的【设计】选项卡，在【图表样式】组中单击【其他】按钮 ，从弹出的列表框中选择【样式8】选项。

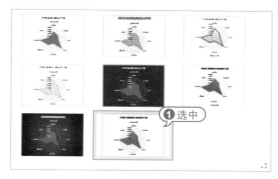

步骤 11 选中绘图区，打开【图表工具】的【格式】选项卡，在【形状样式】组中单击【其他】按钮 ，从弹出的列表框中选择一种样式。

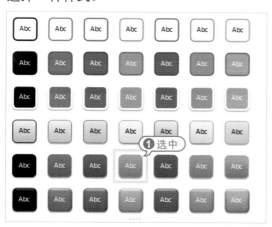

步骤 12 此时，完成雷达图的制作，效果如下图所示。

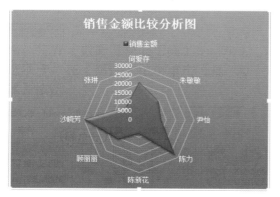

5.4.3 制作动态图表

用户还可以利用数据筛选来实现动态图表的制作，下面举例说明制作动态图表的方法。

【例5-14】在【电脑配件销售统计】工作簿中制作动态图表。

📹视频+素材(光盘素材\第05章\例5-14)

步骤 01 启动Excel 2013程序，打开【例5-3】制作的【电脑配件销售统计】工作簿的【Sheet1】工作表。

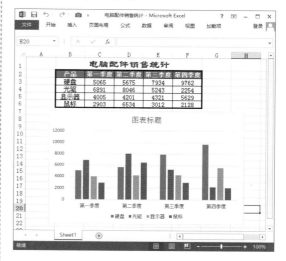

步骤 02 选中图表，在【图表工具】|【格式】选项卡中单击【大小】组的 按钮，打开【设置图表区格式】窗格。在【大小属性】|【属性】扩展列表中，选中【大小和位置均固定】单选按钮。

步骤 03 选择B2单元格，在【数据】选项卡上单击【筛选】按钮，数据开始进行筛选排列。单击B2单元格中数据筛选下拉按钮，打开下拉菜单，分别选中【显示器】和【硬盘】复选框，然后单击【确定】按钮。

步骤 04 此时，图表将同时动态地显示筛选后的数据系列，只显示【显示器】和【硬盘】的数据图形。

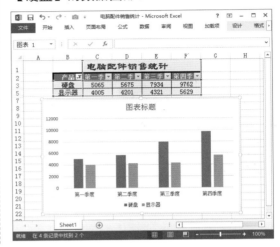

5.5　插入对象修饰图表

利用Excel 2013可以在表格中插入各种对象，如图片、剪贴画、形状以及多媒体等。通过添加这些对象可以帮助用户制作出一份图文音像并茂的电子表格。

5.5.1　插入和调整形状

形状是指浮于单元格上方的简单几何图形，也称为自选图形。在Excel 2013中，软件提供多种形状图形可以供用户使用。

在【插入】选项卡的【插图】组中单击【形状】按钮，可以打开【形状】菜单。在【形状】菜单中包含9个分类，分别为：最近使用形状、线条、矩形、基本形状、箭头总汇、公式形状、流程图、星与旗帜以及标注等。

在【形状】菜单中单击图形相应的按钮，然后在工作表中拖动鼠标即可绘制出各种各样的图形。

在工作表内插入了形状以后，可以将其进行旋转、移动以及改变大小等编辑操作。

若需要精确设置图形的大小，可以在选中图形后，选择【格式】选项卡，在【大小】组中的【形状高度】与【形状宽度】文本框中设置图形长宽的具体数值。

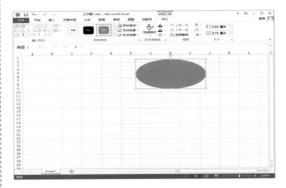

当表格中多个形状叠放在一起时，新创建的形状会遮住之前创建的形状，按先后次

序叠放形状。要调整叠放的顺序，只需选中形状后，单击【格式】选项卡中的【上移一层】或【下移一层】按钮，即可将选中形状向上或向下移动，如下图所示。

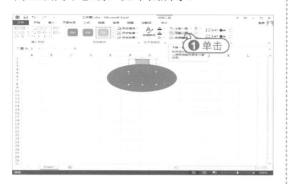

5.5.2 插入和压缩图片

Excel 2013支持目前几乎所有的常用图片格式进行插入，用户可以选择将硬盘上的图片插入到表格内并进行设置。

选择【插入】选项卡，然后在【插图】组中单击【图片】按钮。在打开的【插入图片】对话框中选中一个图片文件后，单击【插入】按钮，即可将图片插入到表格中。

如果图片文件比较大，那么插入图片后的Excel表格文件也会很大。用户可以使用压缩图片功能来降低文件的大小。

先选中图片，在【图片工具】的【格式】选项卡里单击【压缩图片】按钮，打开【压缩图片】对话框，这里在【目标输出】选项区域中选中【电子邮件(96ppi)】单选按钮，然后单击【确定】按钮。

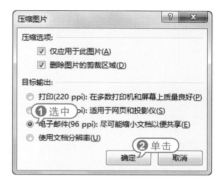

此时，图片会变得模糊，但图片文件的容量变小，方便传输。

5.5.3 插入剪贴画

Excel自带了很多剪贴画，用户可以在剪贴画库中搜索剪贴画，然后单击要插入的剪贴画即可将其插入表格中。

要在Excel 2013工作表中插入剪贴画，用户可以选择【插入】选项卡，在【插图】组中单击【联机图片】按钮，在打开的【插入图片】对话框中的【Office.com剪贴画】文本框中输入要查找的剪贴画关键字(例如"山")，并按下Enter键。

最后，在【插入图片】对话框的搜索结果中选中要插入表格的剪贴画预览图

后，单击【插入】按钮即可。

5.5.4　插入SmartArt图形

　　Excel 2013预设了很多SmartArt图形样式，并且将其进行分类，用户可以方便地在表格中插入所需要的SmartArt图形。

【例5-15】在Excel文档内插入SmartArt。

(视频+素材)(光盘素材\第05章\例5-15)

步骤 01 启动Excel 2013应用程序，新建一个空白工作簿，选择【插入】选项卡，在【插图】组中单击【插入SmartArt图形】按钮。打开【选择SmartArt图形】对话框，选择【流程】选项，然后在对话框中间列表区域选择一种流程样式，并单击【确定】按钮。

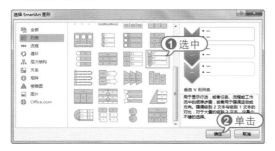

步骤 02 返回工作簿窗口，即可在表格中插入选定的SmartArt图形，然后在SmartArt图形中输入文本内容。

步骤 03 用户还可以继续添加图形形状。选择SmartArt图形中最下方的一个形状，然后打开【SmartArt工具】的【设计】选项卡，在【创建图形】组中单击【添加形状】按钮，在弹出的菜单中选择【在后面添加形状】命令。

步骤 04 最后在新添加的SmartArt图形形状中输入文本。

5.5.5　插入多媒体文件

　　在Excel 2013中，可以将其他程序制作好的文件直接插入到电子表格中，例如Flash动画以及音频视频等多媒体文件。

1．插入音频

　　音频文件有许多格式，比如CD音频、MIDI音频以及MP3音频等，下面用具体实例介绍在Excel中插入MP3音频文件的操作方法。

【例5-16】在Excel文档内插入MP3音频文件。

(视频+素材)(光盘素材\第05章\例5-16)

步骤 01 启动Excel 2013应用程序，新建一个空白工作簿，选择【插入】选项卡，在【文本】组中单击【对象】按钮。打开【对象】对话框，选择【由文件创建】选项卡，在其中单击【浏览】按钮。

步骤 02 打开【浏览】对话框，选择要插入的MP3音频文件，然后单击【插入】按钮。

步骤 03 返回【对象】对话框，单击【确定】按钮，即可在表格中插入选定的音乐文件。

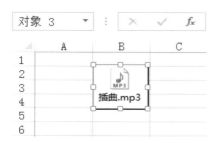

步骤 04 在工作表中双击插入的MP3图标，即可播放该音频文件。

2. 插入Flash

Excel 2013可以利用Flash控件在工作表内播放Flash视频、音乐或游戏程序。

【例5-17】在Excel文档内插入Flash文件。

（视频+素材）(光盘素材\第05章\例5-17)

步骤 01 启动Excel 2013应用程序，新建一个空白工作簿，选择【开发工具】选项卡，单击【插入】|【其他控件】按钮。

> **知识点滴**
>
> 【开发工具】选项卡并不是默认显示的选项卡，需要用户在【Excel选项】对话框中选中【自定义功能区】选项卡中的【开发工具】复选框才能将其打开。

步骤 02 打开的【其他控件】对话框，选中【Shockwave Flash Object】选项，然后单击【确定】按钮。

步骤 03 右击绘制的控件，在弹出的快捷菜单中选择【属性】命令。

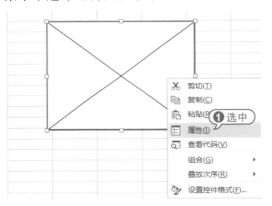

步骤 04 打开【属性】对话框，在【Movie】选项后输入该Flash路径名称"D:\snow.swf"；设置【EmbedMovie】属性为"True"，然后关闭该对话框。

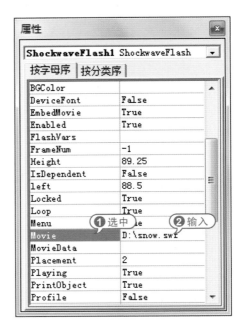

步骤 05 在【控件】组中单击【设计模式】按钮，退出控件的设计模式，完成一个Flash文件的插入。

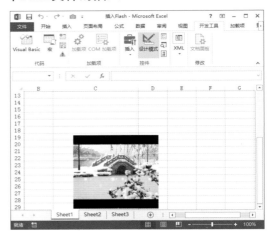

5.6 实战演练

本章的实战演练部分为为图表设置三维背景和插入条形码两个综合实例操作，用户通过该练习可以巩固本章所学知识。

5.6.1 设置三维图表背景

三维图表与二维图表相比多了一个面，因此在设置图表背景的时候需要分别设置图表的背景墙与基底背景。

【例5-18】在【电脑配件销售统计】工作簿中为图表设置背景墙与基底背景。

📹 视频+素材 (光盘素材\第05章\例5-18)

步骤 01 启动Excel 2013应用程序，打开

【例5-3】制作的【电脑配件销售统计】工作簿的【Sheet1】工作表。选中图表，打开【图表工具】的【设计】选项卡，单击【更改图表类型】按钮。

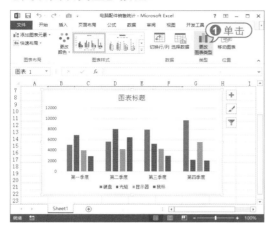

步骤 02 打开【更改图表类型】对话框，打开【所有图表】选项卡，在【柱形图】选项卡中选择【三维簇状柱形图】选项，然后单击【确定】按钮。

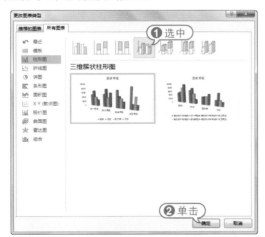

步骤 03 此时，原先的二维柱形图将更改为【三维簇状柱形图】类型。

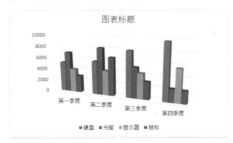

步骤 04 双击图表内部，打开【设置图表区格式】窗格，单击【图表选项】下拉按钮，在下拉菜单中选择【背景墙】命令。

步骤 05 打开【设置背景墙格式】窗格，在【墙壁选项】|【填充】组下选中【渐变填充】单选按钮，设置【预设渐变】为橙色。

步骤 06 此时，背景墙效果如下图所示。

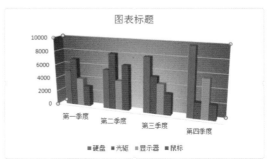

步骤 **07** 单击【墙壁选项】下拉按钮，在下拉菜单中选择【基底】命令。

步骤 **08** 打开【设置基底格式】窗格，在【基底选项】|【填充】下选中【纯色填充】单选按钮，设置【颜色】为红色。

步骤 **09** 此时，查看设置的基底背景效果如下图所示。

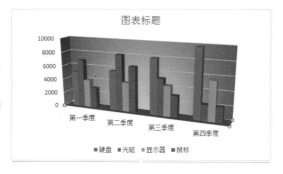

5.6.2 插入条形码

安装了Microsoft Office 2013中Access组件后，便可在Excel 2013中插入条形码。

【例5-19】在Excel文档中插入条形码。

(视频+素材)(光盘素材\第05章\例5-19)

步骤 **01** 启动Excel 2013应用程序，新建一个空白工作簿，选择【开发工具】选项卡，单击【插入】|【其他控件】按钮。

步骤 **02** 打开【其他控件】对话框，在列表框内选择【Microsoft BarCode Control 15.0】选项，然后单击【确定】按钮。

步骤 **03** 拖拽鼠标绘制出条形码控件，右击该控件，在弹出的快捷菜单中选择【Microsoft BarCode Control 15.0对象】|【属性】命令。

步骤 04 打开【Microsoft BarCode Control 15.0属性】对话框，在【常规】选项卡中设置【样式】为【7-Code-128】，然后单击【确定】按钮关闭该对话框。

步骤 05 右击条形码控件，在弹出的快捷菜单中选择【属性】命令。

步骤 06 打开【属性】对话框，输入【LinkedCell】属性为"A1"，然后关闭对话框。

步骤 07 在工作表的A1单元格中输入文本"Excel 2013"，然后在【开发工具】选项卡中单击【设计模式】按钮，退出控件的设计模式，完成Code128条形码的制作。

步骤 08 此时，改变A1单元格中的文本，条形码会随之自动变更为新输入的文本。

步骤 09 选择【文件】|【保存】命令，选择【计算机位置】选项，打开【另存为】对话框，将其以"插入条形码"为名进行保存。

专家答疑

>> 问：如何在Excel表格中插入日历？

答：Microsoft Office 2013提供了日历控件来插入日历，这样在表格内的日历更为直观、方便。首先打开【其他控件】对话框，选择【日历控件11.0】选项，单击【确定】按钮。在表格内拖拽鼠标，绘制出日历控件，然后单击【设计模式】按钮退出控件的设计模式即可。

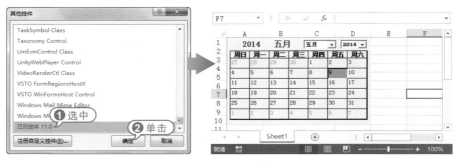

>> 问：如何设置图表使用自定义的图片作为背景？

答：右击图表的图表区，从弹出的快捷菜单中选择【设置图表区格式】命令，打开【设置图表区格式】窗格，选中【图片或纹理填充】单选按钮。单击【文件】按钮。打开【插入图片】对话框，选择一张图片，然后单击【插入】按钮，即可插入图片设置为图表背景。

读书笔记

第6章

使用数据透视表和图

Excel 2013提供了一种简单、形象、实用的数据分析工具——数据透视表及数据透视图。使用该工具可以生动全面地对数据清单进行重新组织和统计。本章将详细介绍创建与编辑数据透视表和数据透视图的方法。

6.1 制作数据透视表

数据透视表是一种对大量数据快速汇总和建立交叉列表的交互式表格，要使用数据透视表，首先要学会其创建方法。

6.1.1 创建数据透视表

要创建数据透视表，必须连接一个数据来源，并输入报表的位置。

【例6-1】在【模拟考试成绩汇总】工作簿中创建数据透视表。

📀视频+素材 (光盘素材\第06章\例6-1)

步骤 01 启动Excel 2013应用程序，打开【模拟考试成绩汇总】工作簿的【Sheet1】工作表。

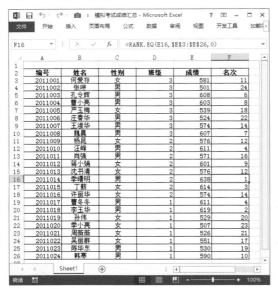

步骤 02 选择【插入】选项卡，在【表格】组中单击【数据透视表】按钮，打开【创建数据透视表】对话框，在【请选择要分析的数据】组中选中【选择一个表或区域】单选按钮，然后单击 按钮，选定A2:F26单元格区域；在【选择放置数据透视表的位置】选项区域中选中【新工作表】单选按钮后，单击【确定】按钮。

步骤 03 此时，在工作簿中添加一个新工作表，同时插入数据透视表，并将新工作表命名为"数据透视表"。

步骤 04 在【数据透视表字段】窗格的【选择要添加到报表的字段】列表中分别选中【姓名】、【性别】、【班级】、【成绩】和【名次】字段前的复选框，此时，可以看到各字段已经添加到数据透视表中。

6.1.2 布局数据透视表

数据透视表会自动将数据源中的数据按用户设置的布局进行分类，从而方便用户对表中的数据进行分析，如可以通过选择字段来筛选统计表中的数据。

【例6-2】在【模拟考试成绩汇总】工作簿的数据透视表中设置字段和布局。

（视频+素材）(光盘素材\第06章\例6-2)

步骤 01 启动Excel 2013应用程序，打开【例6-1】制作的【模拟考试成绩汇总】工作簿的【数据透视表】工作表。

步骤 02 在【数据透视表字段】窗格中的【值】列表框中单击【求和项：名次】下拉按钮，从弹出的菜单中选择【删除字段】命令。此时，在数据透视表内删除该字段。

步骤 03 在【值】列表框中单击【求和项：班级】下拉按钮，从弹出的菜单中选

择【移动到报表筛选】命令。

步骤 04 此时，将该字段移动到【报表筛选】列表框中。

步骤 05 在【行】列表框中选择【性别】字段，按住鼠标左键拖动到【列标签】列表框中，释放鼠标，即可移动该字段。

步骤 06 在【选择要添加到报表的字段】列表中右击【编号】字段，从弹出的菜单

中选择【添加到行标签】命令。

步骤 07 打开【数据透视表工具】的【设计】选项卡，在【布局】组中单击【报表布局】按钮，从弹出的菜单中选择【以表格形式显示】命令。

步骤 08 此时，数据透视报表将以表格的

形式显示在工作表中。

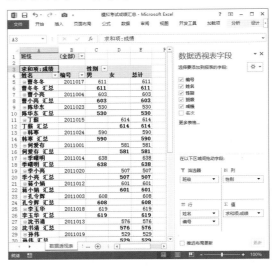

知识点滴

创建数据透视表需要两个步骤来完成：第一步，选择数据源的范围；第二步，设计将要生成的透视表的布局。另外，用户还可以随时对创建好的数据透视表的结构进行修改。

6.2 设置数据透视表格式

在创建数据透视表后，打开【数据透视表工具】的【选项】和【设计】选项卡，在其中可以对数据透视表进行设置。比如设置数据透视表的汇总方式、样式等。

6.2.1 设置汇总方式

默认情况下，数据透视表的汇总方式为求和汇总。Excel 2013提供了多种汇总方式，如平均值、最大值、最小值以及计数等，用户可根据需要自行设置汇总方式。

【例6-3】在【模拟考试成绩汇总】工作簿的数据透视表中设置汇总方式。

视频+素材 (光盘素材\第06章\例6-3)

步骤 01 启动Excel 2013应用程序，打开【例6-2】制作的【模拟考试成绩汇总】工作簿的【数据透视表】工作表。

步骤 02 在数据透视表中右击【求和项：

成绩】单元格，从弹出的快捷菜单中选择【值汇总依据】|【平均值】命令，即可更改汇总方式由求和变为求平均值。

步骤 03 在【数据透视表字段】窗格中的【值】列表框中单击【求和项：成绩】下拉

按钮，从弹出的菜单中选择【值字段设置】命令，打开【值字段设置】对话框，在【计算类型】列表框中也可选择汇总方式为【平均值】，然后单击【确定】按钮。

步骤 04 改变汇总方式后，【模拟考试成绩汇总】工作簿的【数据透视表】工作表如下图所示。

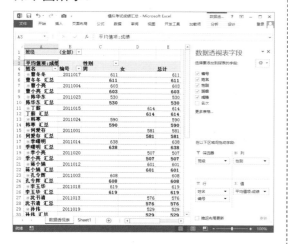

6.2.2 设置样式

数据透视表与图表类似，可以对其样式进行设置，使其更加美观。

首先打开数据透视表所在的工作表，打开【数据透视表工具】的【设计】选项卡，在【数据透视表样式】组中单击【其他】按钮，从弹出的列表框中选择所需样式选项。

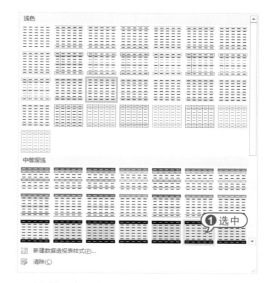

这样即可在数据透视表中快速应用该样式。

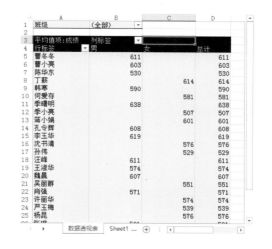

6.2.3 显示或隐藏明细数据

当数据透视表中的数据过多时，不便于用户查阅。通过显示或隐藏明细数据，则可以设置只显示所需要的数据(即筛选出的数据)。

【例6-4】在【模拟考试成绩汇总】工作簿的数据透视表中显示或隐藏明细数据。

(视频+素材)(光盘素材\第06章\例6-4)

步骤 01 启动Excel 2013应用程序，打开【例6-3】制作的【模拟考试成绩汇总】工作簿的【数据透视表】工作表。

步骤 02 单击【姓名】前面的□按钮，此时变为⊞按钮，即可将所有学生编号数据隐藏。

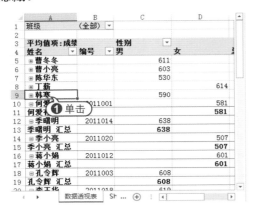

步骤 03 单击【班级】右侧的下拉按钮，从弹出的列表框中选择【3】选项，然后单击【确定】按钮。

步骤 04 此时，即可筛选出3班学生的成绩记录。

6.2.4 数据透视表排序

在Excel 2013中对数据透视表进行排序，将更有便于用户查看其中的数据。

【例6-5】在【模拟考试成绩汇总】工作簿的数据透视表中设置排序。

视频+素材 (光盘素材\第06章\例6-5)

步骤 01 启动Excel 2013应用程序，打开【例6-4】制作的【模拟考试成绩汇总】工作簿的【数据透视表】工作表。

步骤 02 选择数据透视表中的A5单元格后，右击鼠标，在弹出的菜单中选中【排序】|【其他排序选项】命令。

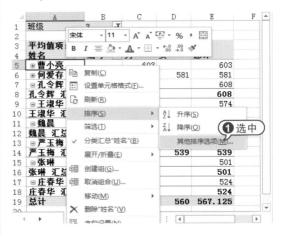

步骤 03 在打开的【排序(姓名)】对话框中选中【升序排序(A到Z)依据】单选按钮，然后单击该单选按钮下方的下拉列表按钮，在弹出的下拉列表中选中【平均值项：成绩】选项，然后单击【确定】按钮。

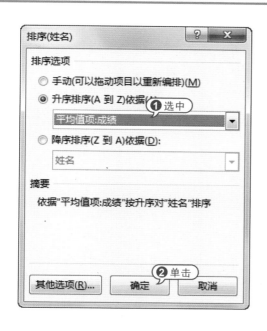

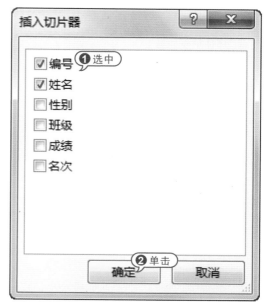

6.3 使用切片器

切片器是数据透视表所包含的功能，它不仅能够对数据透视表字段进行筛选操作，还可以直观地在切片器内查看该字段的数据项信息。

6.3.1 插入切片器

要在数据透视表中使用切片器筛选数据，首先需要插入切片器。

【例6-6】在【模拟考试成绩汇总】工作簿的数据透视表中插入切片器。

(视频+素材) (光盘素材\第06章\例6-6)

步骤 01 启动Excel 2013应用程序，打开【例6-5】制作的【模拟考试成绩汇总】工作簿的【数据透视表】工作表。

步骤 02 选中数据透视表中的任意单元格，打开【数据透视表工具】的【分析】选项卡，在【筛选】组中单击【插入切片器】按钮。

步骤 03 打开【插入切片器】对话框。选中字段前面的复选框，然后单击【确定】按钮，即可显示插入的切片器。

步骤 04 插入的切片器像卡片一样显示在工作表内，在切片器中单击需要筛选的字段，如选择在【编号】切片器里为"2011005"的选项，在【姓名】切片器里则会自动选中该编号所属的名称，而且在数据透视表中也会显示该数据。

6.3.2 设置切片器

切片器以层叠方式显示在数据透视表中，用户可以根据需要重新设置切片器。

◉ 排列切片器：选中切片器，打开【切片器工具】的【选项】选项卡，在【排列】组中单击【对齐】按钮，从弹出的菜单中选择一种排列方式，如选择【垂直居中】对齐方式，此时，切片器将垂直居中显示在数据透视表中。

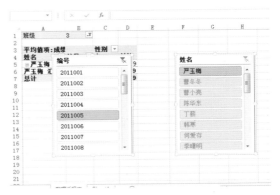

◉ 设置切片器按钮：用户可以设置切片器按钮的大小和排列方式。选中切片器后，打开【切片器工具】的【选项】选项卡，在【按钮】组的【列】微调框中输入按钮的排列方式，在【高度】和【宽度】文本框中分别输入按钮的高度和宽度。

◉ 应用切片器样式：选中切片器后，打开【切片器工具】的【选项】选项卡，在【切片器样式】组中单击【其他】按钮，从弹出的列表框中选择一种样式，即可快速为切片器应用该样式。

◉ 详细设置：选中一个切片器后，打开【切片器工具】的【选项】选项卡，在【切片器】组中单击【切片器设置】按钮，打开【切片器设置】对话框，可以重

新设置切片器的名称、排列序方式以及页眉标签等。

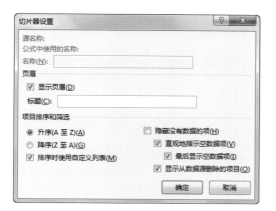

6.3.3 共享切片器

通过在切片器内设置数据透视表连接，可以实现使切片器共享，从而使多个数据透视表进行联动。

【例6-7】在【模拟考试成绩汇总】工作簿中共享切片器。

(视频+素材) (光盘素材\第06章\例6-7)

步骤 01 启动Excel 2013应用程序，打开【例6-6】制作的【模拟考试成绩汇总】工作簿的【Sheet1】工作表。

步骤 02 选中A2:F26单元格区域，单击【插入】选项卡中的【数据透视表】按钮，打开【创建数据透视表】对话框，然后单击【确定】按钮。

步骤 03 新建一个数据透视表的工作表，将其命名为【数据透视表2】，然后分别选中【姓名】、【性别】、【成绩】字段并加入到数据透视表中，同时设置其各自位置。

步骤 04 打开【数据透视表】工作表，选中【姓名】切片器，然后单击【切片器工具】|【选项】选项卡中的【报表连接】按钮，打开【数据透视表连接(姓名)】对话框，分别选中2个复选框，表示连接2个数据透视表，然后单击【确定】按钮。

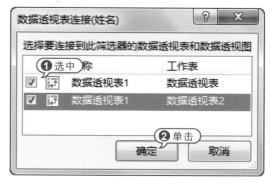

步骤 05 此时，单击【姓名】切片器上一个名字选项，比如选中【曹小亮】。【数据透视表】工作表中会只显示该姓名数据。

步骤 06 切换到【数据透视表2】工作表上，也只显示【曹小亮】姓名的数据，说明使用切片器已将2个数据透视表的数据连接起来。

切片器右上方的【清除筛选器】按钮，或者右击切片器内，在弹出的快捷菜单中选择【从"(切片器名称)"中清除筛选器】命令即可。

要彻底删除切片器，需要在切片器内右击鼠标，在弹出的快捷菜单中选择【删除"(切片器名称)"】命令。

6.3.4 清除和删除切片器

要清除切片器的筛选器可以直接单击

6.4 制作数据透视图

数据透视图可以看做是数据透视表和图表的结合，它以图形的形式表示数据透视表中的数据。在Excel 2013中，可以根据数据透视表快速创建数据透视图并对其进行设置。

6.4.1 创建数据透视图

通过创建好的数据透视表，用户可以快速简单地创建数据透视图。

【例6-8】在【模拟考试成绩汇总】工作簿中根据数据透视表创建数据透视图。

（视频+素材）(光盘素材\第06章\例6-8)

步骤 01 启动Excel 2013应用程序，打开【例6-5】制作的【模拟考试成绩汇总】工作簿的【数据透视表】工作表。

步骤 02 选定A5单元格，打开【数据透视表工具】的【分析】选项卡，在【工具】组中单击【数据透视图】按钮。

步骤 03 打开【插入图表】对话框，在【柱形图】选项卡中选择【三维簇状柱形图】选项，然后单击【确定】按钮。

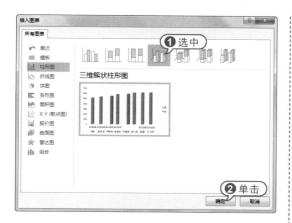

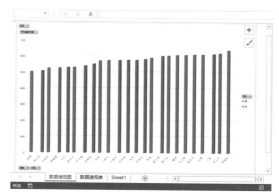

步骤 04 单击【姓名】前面的 ⊟ 按钮，将编号隐藏，然后显示【班级】所有的数据，此时的数据透视图如下图所示。

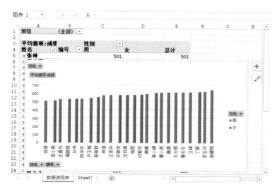

步骤 05 打开【数据透视图工具】的【设计】选项卡，在【位置】组中单击【移动图表】按钮，打开【移动图表】对话框。选中【新工作表】单选按钮，在其中的文本框中输入工作表的名称"数据透视图"，然后单击【确定】按钮。

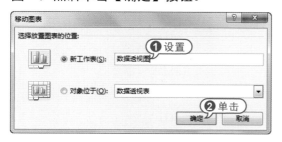

步骤 06 此时，在工作簿中添加一个新工作表【数据透视图】，同时该数据透视图将插入到该工作表中。

6.4.2 设计数据透视图

与设计图表操作类似，可以为数据透视图设置样式、图表标题、背景墙和基底色等。

【例6-9】 在【模拟考试成绩汇总】工作簿中，设计数据透视图的格式和外观。

视频+素材 (光盘素材\第06章\例6-9)

步骤 01 启动Excel 2013应用程序，打开【例6-8】制作的【模拟考试成绩汇总】工作簿的【数据透视图】工作表。

步骤 02 打开【数据透视图工具】的【设计】选项卡，在【图表布局】组中单击【快速布局】按钮，从弹出的列表框中选择【布局9】样式，为数据透视图快速应用该样式。

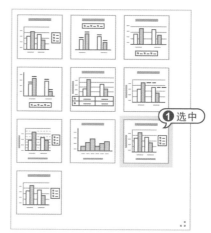

步骤 03 修改图表标题、纵坐标标题和横坐标标题文本。

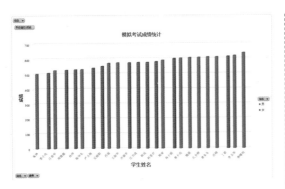

步骤 04 选中图表标题，打开【数据透视图工具】的【格式】选项卡，在【艺术字样式】组中单击【快速样式】按钮，从弹出的列表框中选择一种样式，为标题应用该艺术字样式。

步骤 05 使用同样的方法，设置横坐标题和纵坐标题的艺术字样式。

步骤 06 双击图表区中的背景墙，打开【设置背景墙格式】窗格，在【填充】选项区域选中【图片或纹理填充】单选按钮，然后单击【文件】按钮。

步骤 07 打开【插入图片】对话框，选择需要的图片，然后单击【插入】按钮将图片插入到背景墙。

步骤 08 单击图表基底，显示【设置基底格式】窗格，设置【填充】为【纯色填充】以及填充的颜色。

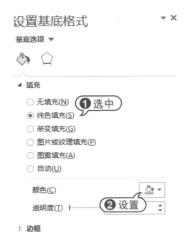

步骤 09 此时，背景墙和基座设置完毕，如下图所示。

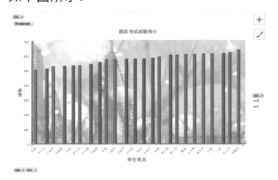

步骤 10 单击图表区，显示【设置图表区格式】窗格，设置【填充】为【纯色填充】以及填充的颜色。

步骤 11 图表区设计完毕，效果如下图所示。

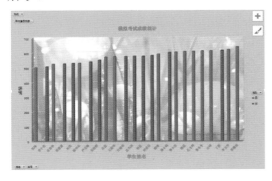

6.4.3　分析数据透视图项目

数据透视图是一种动态的图表，它通过【数据透视表字段列表】和字段按钮来分析和筛选项目。

【例6-10】在【模拟考试成绩汇总】工作簿中分析和筛选项目。

（视频+素材）(光盘素材\第06章\例6-10)

步骤 01 启动Excel 2013应用程序，打开【例6-9】制作的【模拟考试成绩汇总】工作簿的【数据透视图】工作表。

步骤 02 打开【数据透视图工具】的【分析】选项卡，在【显示/隐藏】组中分别单击【字段列表】和【字段按钮】按钮，显示【数据透视表字段】窗格和字段按钮。

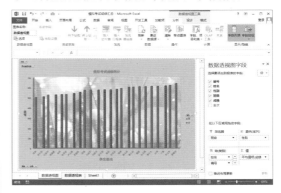

步骤 03 单击【班级】字段按钮，从弹出的列表框中选择【1】选项，然后单击【确定】按钮，即可在数据透视图中显示1班学生的项目。

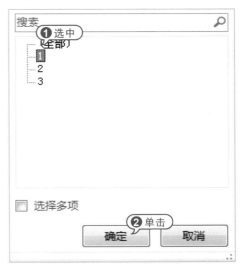

步骤 04 在【数据透视表字段】窗格的【选择要添加到报表的字段】列表框中单击【性别】右侧的下拉按钮，从弹出的列表框中取消选中【女】单选按钮，然后单击【确定】按钮。

步骤 05 此时，在数据透视图中筛选出1班所有男同学的项目。

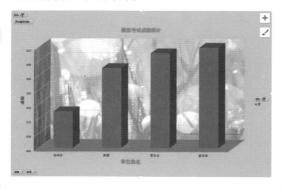

步骤 06 打开【数据透视图工具】的【分析】选项卡，在【操作】组中单击【清除】按钮，从弹出的菜单中选择【清除筛选】命令，即可显示所有的项目。

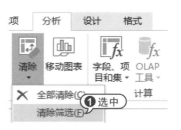

步骤 07 单击【编号】字段列表，从弹出的列表框中选择【值筛选】|【大于】命令。

步骤 08 打开【值筛选(编号)】对话框，在【大于】文本框中输入600，然后单击【确定】按钮。

步骤 09 返回数据透视图，查看成绩大于600分的项目。

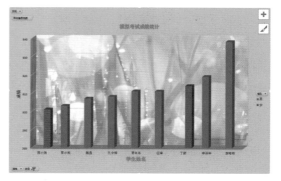

6.5 实战演练

本章的实战演练部分为使用数据透视图和数据透视表来进行统计分析和在数据透视表中使用条件格式两个综合实例操作,用户通过练习可以巩固本章所学知识。

6.5.1 分析销售数据

使用数据透视表和数据透视图进行销售数据的分析。

【例6-11】创建【销售数据分析】工作簿,使用数据透视表和数据透视图进行数据分析。

【视频+素材】(光盘素材\第06章\例6-11)

步骤 01 启动Excel 2013应用程序,创建【销售数据分析】工作簿,在【Sheet1】工作表中输入数据,并新建2个工作表。

步骤 02 选择【插入】选项卡,在【表格】组中单击【数据透视表】按钮,打开【创建数据透视表】对话框,选中【选择一个表或区域】单选按钮,然后单击【表/区域】文本框后面的 按钮。

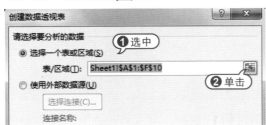

步骤 03 在工作表中选取A1:F10单元格区域;单击 按钮,返回【创建数据透视表】对话框。

步骤 04 在【选择放置数据透视表的位置】选项区域中,选中【现有工作表】单选按钮;在【位置】文本框后面单击 按钮,选定【Sheet 2】工作表的A1单元格,单击 按钮,返回【创建数据透视表】对话框,最后单击【确定】按钮。

步骤 05 在【Sheet 2】工作表中插入数据透视表。在【数据透视表字段列表】任务

窗格中设置字段布局，工作表中的数据透视表即会发生相应的变化。

步骤 06 选择【数据透视表工具】|【分析】选项卡，选择【计算】组中的【字段、项目和集】|【计算字段】命令。

步骤 07 打开【插入计算字段】对话框，在【名称】框内输入"毛利"，在【公式】框内输入计算公式"=金额-成本"，单击【添加】按钮，然后单击【确定】按钮。

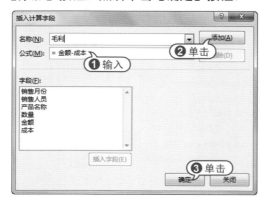

步骤 08 此时，数据透视表增加了【毛利】字段，并自动进行计算。

步骤 09 选择【数据透视表工具】|【设计】选项卡，在【数据透视表样式】组中单击按钮，打开数据透视表样式列表。在列表中选择一种样式，设置套用该样式。

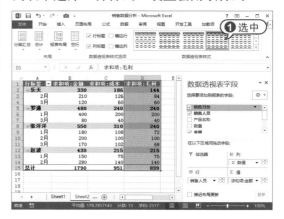

步骤 10 选择【数据透视表工具】|【分析】选项卡，单击【工具】组中的【数据透视图】按钮，打开【插入图表】对话框，选择【折线图】选项，然后单击【确定】按钮。

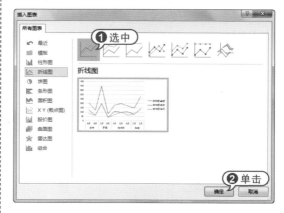

步骤 11 此时，在【Sheet2】工作表中则会添加数据透视图。

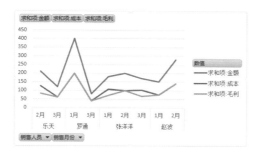

步骤 12 选中【Sheet2】工作表中的数据透视表，复制粘贴到【Sheet3】工作表中。

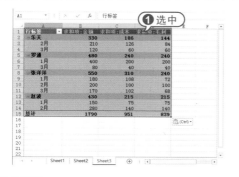

步骤 13 打开其【数据透视表字段】窗格，选择【销售人员】和【毛利】字段选项，重新布局数据透视表。

步骤 14 选择【数据透视表工具】|【分析】选项卡，单击【工具】组中的【数据透视图】按钮，打开【插入图表】对话框。选择【三维饼图】选项，然后单击【确定】按钮。

步骤 15 在数据透视图上的图表标题上输入文本。

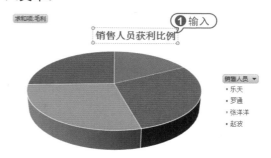

步骤 16 选择【数据透视图工具】|【设计】选项卡，单击【图表布局】组中的【添加图表元素】按钮，选择【数据标签】|【最佳匹配】命令。

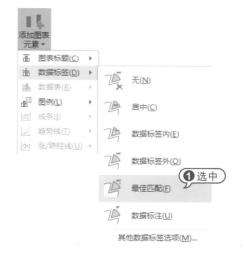

步骤 17 此时，该数据透视图效果如下图所示。

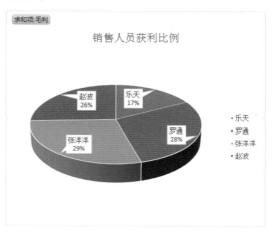

6.5.2　使用条件格式

　　和普通的表格一样，在数据透视表中，也可以使用条件格式将表格中的特殊数据标示出来。

【例6-12】在【销售数据分析】工作簿的【Sheet2】工作表中，使用条件格式来标示数据。

📹视频+素材 (光盘素材\第06章\例6-12)

步骤 01 启动Excel 2013应用程序，打开【销售数据分析】工作簿的【Sheet2】工作表，选定【求和项：成本】列中任意一个单元格。

步骤 02 选择【开始】选项卡，在【样式】组中单击【条件格式】按钮，在下拉菜单中选择【新建规则】命令。

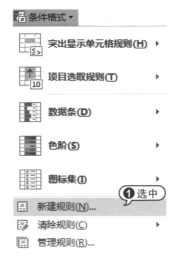

步骤 03 打开【新建格式规则】对话框，选中【所有为显示"求和项：成本"值的单元格】单选按钮，在【选择规则类型】列表中选择【使用公式确定要设置格式的单元格】选项，在【为符合此公式的值设置格式】文本框中输入公式"=C2>=120"，然后单击【格式】按钮。

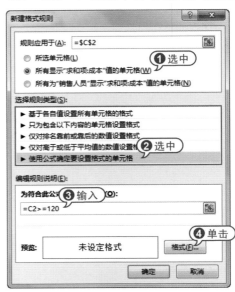

步骤 04 打开【设置单元格格式】对话框，在【填充】选项卡中单击【填充效果】按钮。

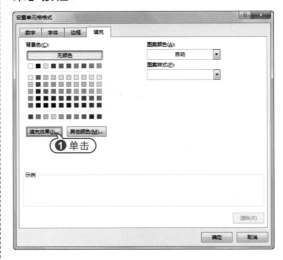

步骤 05 打开【填充效果】对话框，选择填充颜色，在【底纹样式】列表框中选中【中心辐射】单选按钮，然后单击【确定】

按钮。

步骤06 返回【设置单元格格式】对话框，显示填充效果，单击【确定】按钮。

步骤07 返回【新建格式规则】对话框，

预览效果，然后单击【确定】按钮。

步骤08 此时，返回工作表，在【求和项：成本】列中，凡是值大于120的项目数据都被填充颜色所标示。

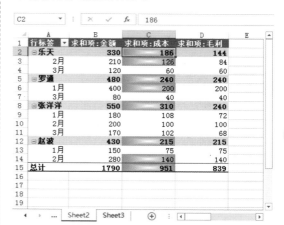

专家答疑

>> 问：如何设置数据透视表选项？

答：创建数据透视表后，右击数据透视表中的任意单元格，从弹出的快捷菜单中选择【数据透视表选项】命令，打开【数据透视表选项】对话框。在该对话框中，用户可以根据需要设置数据透视表的布局和格式、汇总和筛选、显示、打印、数据以及可选文字等选项。

读书笔记

第7章

公式和函数应用技巧

在Excel 2013中，绝大多数的数据运算、统计、分析都需要使用公式与函数来得出相应的结果。本章主要介绍公式与函数的基本操作内容和技巧。

7.1 输入和编辑公式

公式是Excel中重要的运算工具，使用公式可以使各类数据处理工作变得更为简单。Excel 2013提供了强大的公式功能，在工作表中输入数据后，使用公式可以对这些数据进行自动、精确而且高速的运算与分析处理。

7.1.1 公式和函数的关系

公式是Excel中由用户自定义对工作表中的数据进行计算和处理的计算式。公式遵循一个特定的语法或次序：最前面是等号"="，后面是参与计算的数据对象和运算符，即公式的表达式，形式如下图所示。

数值　运算符

$$=0.03*\ B2+AVERAGE(B2:B18)$$

单元格引用　函数　引用单元格区域

函数是Excel中预定义的一些公式，它将一些特定的计算过程通过程序固定下来，使用一些称为参数的特定数值按特定的顺序或结构进行计算，将其命名后可供用户调用。函数由函数名和参数两部分组成，如下图所示。

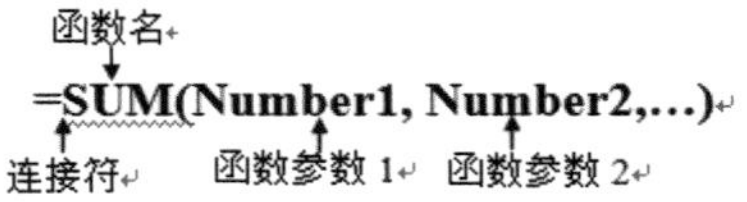

函数名

$$=SUM(Number1,\ Number2,...)$$

连接符　函数参数1　函数参数2

函数与公式既有区别又有联系。函数是公式的一种，是已预先定义计算过程的公式，函数的计算方式和内容已完全固定，用户只能通过改变函数参数的取值来更改函数的计算结果。用户也可以自定义计算过程和计算方式，或更改公式的所有元素来更改计算结果。函数与公式各有优缺点，在实际工作中，两者往往需要同时使用。

任何函数和公式都以"="开头，输入"="后，Excel会自动将其后的内容作为公式处理。函数以函数名称开始，其参数则以"("开始，以")"结束。每个函数必定对应一对括号。函数中还可以包含其他的函数，即函数的嵌套使用。在多层函数嵌套使用时，尤其要注意一个函数一定

要对应一对括号。在函数中"，"用于将各个函数区分开。

7.1.2 运算符的类型和优先级

运算符对公式中的元素进行特定类型的运算。Excel 2013中包含算术运算符、比较运算符、文本连接运算符与引用运算符4种类型。

1．算术运算符

要完成基本的数学运算，如加法、减法和乘法，连接数据和计算数据结果等，可以使用如下表所示的算术运算符。

算术运算符	含　义
+(加号)	加法运算
−(减号)	减法运算或负数
*(星号)	乘法运算
/(正斜线)	除法运算
^(插入符号)	乘幂运算

2．比较运算符

比较运算符可以比较两个值的大小。当用运算符比较两个值时，结果为逻辑值，比较成立则为TRUE，反之则为FALSE。

比较运算符	含　义
= (等号)	等于
>(大于号)	大于
<(小于号)	小于
>=(大于等于号)	大于或等于
<>(不等号)	不相等

3．文本连接运算符

使用和号(&)可加入或连接一个或多个文本字符串以产生一串新的文本。

4．引用运算符

单元格引用是用于表示单元格在工作表上所处位置的坐标集。例如，显示在第B列和第3行交叉处的单元格，其引用形式为B3。使用如下表所示的引用运算符，可以将单元格区域合并计算。

引用运算符	含　义
:(冒号)	区域运算符，产生对包括在两个引用之间的所有单元格的引用
,(逗号)	联合运算符，将多个引用合并为一个引用
(空格)	交叉运算符，产生对两个引用共有的单元格的引用

5．运算符优先级

如果公式中同时用到多个运算符，Excel 2013将会依照运算符的优先级来依次完成运算。如果公式中包含相同优先级的运算符，例如公式中同时包含乘法和除法运算符，则Excel将从左到右依次进行计算。如下表所示为Excel 2013中运算符优先级。其中，运算符优先级从上到下依次降低。

运算符	说　明
:(冒号)(单个空格),(逗号)	引用运算符
−	负号
%	百分比
^	乘幂
* 和 /	乘和除
+ 和 −	加和减
&	连接两个文本字符串
= < > <= >= <>	比较运算符

7.1.3　输入公式

在Excel中输入公式与输入数据的方法相似，具体步骤为：选择要输入公式的单元格，然后在编辑栏中直接输入"="符号，然后输入公式内容，按Enter键即可将

公式运算结果显示在所选单元格中。

【例7-1】创建【热卖数码销售汇总】工作簿，并手动输入公式。

(视频+素材)(光盘素材\第07章\例7-1)

步骤 01 启动Excel 2013程序，创建一个名为【热卖数码销售汇总】工作簿，并在【Sheet1】工作表中输入数据。

步骤 02 选定D3单元格，在单元格或编辑栏中输入公式"=B3*C3"。

步骤 03 按Enter键或单击编辑栏中的【输入】按钮✔，即可在单元格中计算出相应的结果。

7.1.4 编辑公式

在Excel 2013中，有时还需要对输入的公式进行编辑操作，如显示公式、修改公式、删除公式和复制公式等。

1. 显示公式

默认设置下，在单元格中只显示公式计算的结果，而公式本身则只显示在编辑栏中。为了方便用户对公式进行检查，可以设置在单元格中显示公式。

用户在【公式】选项卡的【公式审核】组中单击【显示公式】按钮，即可设置在单元格中显示公式。如果再次单击【显示公式】按钮，即可将显示的公式隐藏。

2. 修改公式

修改公式操作是Excel最基本的编辑公式的操作之一。修改公式的方法主要有以下三种。

❯ 双击单元格修改：双击需要修改的公式单元格，选中出错的公式后，重新输入新公式，按Enter键即可完成修改操作。

❯ 编辑栏修改：选中需要修改公式的单元格，此时在编辑栏中会显示公式，单击编辑栏，进入公式编辑状态后进行修改。

❯ F2键修改：选中需要修改公式的单元格，按F2键，进入公式编辑状态后进行修改。

3. 删除公式

一些常用的电子表格需要使用公式，

但在计算完成后，又不希望其他用户查看计算公式的内容，此时可以删除电子表格中的数据，并保留公式计算结果。

【例7-2】在【热卖数码销售汇总】工作簿中将工作表的D3单元格中的公式删除，并保留公式计算结果。

（视频+素材）(光盘素材\第07章\例7-2)

步骤 01 启动Excel 2013程序，打开【热卖数码销售汇总】工作簿的【Sheet1】工作表。

步骤 02 右击D3单元格，在弹出的快捷菜单中选择【复制】命令，复制单元格内容。

步骤 03 在【开始】选项卡的【剪贴板】选项组中单击【粘贴】按钮下方的倒三角按钮，在弹出的菜单中选择【选择性粘贴】命令。

步骤 04 打开【选择性粘贴】对话框，在【粘贴】选项区域中选中【数值】单选按钮，然后单击【确定】按钮。

步骤 05 返回工作簿窗口，此时，D3单元格中的公式已经被删除，但计算结果仍然保存在D3单元格中。

4. 复制公式

复制公式的方法与复制数据的方法相似。右击公式所在的单元格，在弹出的菜单中选择【复制】命令，然后选定目标单元格，右击弹出菜单，选择【粘贴选项】选项区域中单击【粘贴】按钮，即可成功复制公式。

7.1.5 使用数组公式

数组是一组公式或值的长方形范围，Excel 2013视数组为一个整体。数组是小空间进行大量计算的强有力的方法，可以代替很多重复的公式。

1. 输入数组公式

数组公式有以下几个显著的特性。

❯ 输入公式前，选择单元格区域进行输入。

❯ 按Shift+Ctrl+Enter组合键结束公式输入。

❯ 结束输入后公式的特征为使用{}将公式括起来。

❯ 计算结果不是单个数值，而是数组。

比如要在C1:C5得到A1:A5和B1:B5行求和的结果，可以在C1单元格输入公式=Al+B1，然后引用公式到C2:C5单元格区域。

如果使用数组公式的方法，可以首先选择C1:C5单元格区域，然后在编辑栏中输入公式"=A1:A5+B1:B5"，按Shift + Ctrl + Enter快捷键结束输入，即可使用数组公式计算结果。

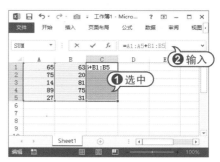

通常输入数组公式的范围的大小与外形应该与作为输入数据的单元格区域范围的大小和外形相同。如果存放结果的范围太小，就无法查看所有的结果；如果范围太大，有些单元格中就会出现不必要的#N/A错误。

2. 使用数组常量

在数组公式中，通常都使用单元格区域引用，也可以直接输入数值数组。直接输入的数值数组被称为数组常量。

可以用下面的方法来建立数组中的数组常量：直接在公式中输入数值，并用大括号"{}"括起来，注意把不同列的数值用逗号"，"隔开，不同行的数值用分号"；"隔开。

在Excel中，使用数组常量时应该注意以下几个规定。

◆ 数组常量中不能含有单元格引用，且数组常量的列或者行的长度必须相等。

◆ 数组常量可以包括数字、文本、逻辑值FALSE和TRUE以及错误值，如"#NAME?"。

◆ 在同一数组中可以有不同类型的数值，如{1，2，"A"，TURE}。

◆ 数组常量中的数值不能是公式，必须是常量，并且不能含有"$"、"（ ）"或者"%"。

◆ 文本必须包含在双引号内，如"CLASSROOMS"。

【例7-3】计算数组{1，2，3，4，5}与数字6相乘的结果。 视频

步骤 01 启动Excel 2013程序，新建一个工作簿。

步骤 02 在【Sheet1】工作表的A1:A5单元格区域中输入数据1、2、3、4、5。

步骤 03 选择与数组参数的范围一致的单元格区域B1:B5，然后在编辑栏中输入公式"=(A1:A5)*6"。

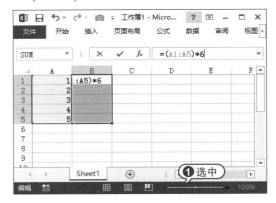

步骤 04 按Shift+Ctrl+Enter组合键结束输入，此时公式自动显示为"{=(A1:A5)*6}"，其结果以数组形式在选定的区域中显示。

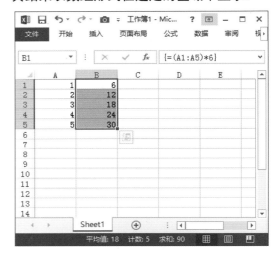

数组公式的首位大括号是由Shift + Ctrl + Enter快捷键生成的，不需要手工输入，否则Excel只能识别其为文本字符，无法被当作公式正确运算。数组公式如果返回的是多个结果，则在删除数组公式时，必须删除整个数组公式，即选中整个数组公式所在单元格区域然后再删除，不能只删除数组公式的一部分。

7.2 输入和编辑函数

Excel 2013将具有特定功能的一组公式组合在一起形成函数。与直接使用公式进行计算相比较，使用函数进行计算的速度更快，同时减少了错误发生的概率。

7.2.1 输入函数

在Excel 2013中，用户可以使用其提供的内置函数。输入函数有两种较为常用的方法，一种是通过【插入函数】对话框插入，另一种是直接手动输入。

如果用户对要使用的函数非常熟悉，则可在单元格或编辑栏中直接输入函数。

Excel函数包括【自动求和】、【最近使用的函数】、【财务】、【逻辑】、【文本】、【日期和时间】、【查找与引用】、【数学和三角函数】以及【其他函数】9大类的上百个具体函数，每个函数的应用各不相同。常用函数包括SUM(求和)、AVERAGE(计算算术平均数)、ISPMT、IF、HYPERLINK、COUNT、MAX、SIN、SUMIF以及PMT等，它们的语法和作用如下表所示。

语　　法	说　　明
SUM(number1，number2，…)	返回单元格区域中所有数值的和
ISPMT(Rate，Per，Nper，Pv)	返回普通(无提保)的利息偿还
AVERAGE(number1，number2，…)	计算参数的算术平均数；参数可以是数值或包含数值的名称、数组或引用
IF(Logical_test，Value_if_true，Value_if_false)	执行真假值判断，根据对指定条件进行逻辑评价的真假而返回不同的结果
HYPERLINK(Link_location，Friendly_name)	创建快捷方式，以便打开文档或网络驱动器或连接INTERNET
COUNT(value1，value2，…)	计算数字参数和包含数字的单元格的个数

(续表)

MAX(number1，number2，…)	返回一组数值中的最大值
SIN(number)	返回角度的正弦值
SUMIF(Range，Criteria，Sum_range)	根据指定条件对若干单元格求和
PMT(Rate，Nper，Pv，Fv，Type)	返回在固定利率下，投资或贷款的等额分期偿还额

在【公式】选项卡的【函数库】组中单击【插入函数】按钮，在打开的对话框中进行设置即可插入函数。

【例7-4】打开【热卖数码销售汇总】工作簿，在工作表的D9单元格中插入求和函数，计算销售总额。

(视频+素材) (光盘素材\第07章\例7-4)

步骤 01 启动Excel 2013应用程序，打开【例7-1】制作的【热卖数码销售汇总】工作簿的【Sheet1】工作表。

步骤 02 选定D9单元格，然后打开【公式】选项卡，在【函数库】组中单击【插入函数】按钮。

步骤 03 打开【插入函数】对话框，在【选择函数】列表框中选择SUM函数，然

后单击【确定】按钮。

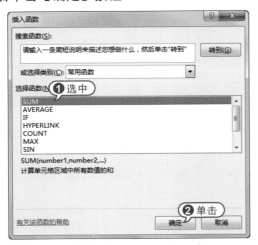

步骤 04 打开【函数参数】对话框,单击【Number1】文本框右侧的■按钮。

步骤 05 返回到工作表中,选择要求和的单元格区域,这里选择D3:D7单元格区域,然后单击■按钮。

步骤 06 返回【函数参数】对话框,单击【确定】按钮。此时,利用求和函数计算出D3:D7单元格中所有数据的和,并显示在D9单元格中。

⊙ 知识点滴

在运用函数进行计算时,用户可以根据需要对其进行编辑修改。用户可以打开【函数参数】对话框,在文本框中输入新的公式进行修改。

7.2.2 搜索函数

如果对函数所归属的类别不太熟悉,用户可以使用【插入函数】对话框的向导功能选择或搜索所需要的函数。

比如打开【插入函数】对话框,在【搜索函数】文本框中输入"平均",然后单击【转到】按钮,在【选择函数】列表中将自动显示推荐的有关"平均"的函数。此时,选择【AVERAGEIF】函数,单击【确定】按钮,即可插入该函数。

7.2.3 函数嵌套使用

在某些情况下,可能需要将某个公式

或函数的返回值作为另一个函数的参数来使用，这就是函数的嵌套使用。

【例7-5】对【热卖数码销售汇总】工作簿的D9单元格进行函数的嵌套使用，计算税后的销售额(增值税为4%)。

(视频+素材)(光盘素材\第07章\例7-5)

步骤01 启动Excel 2013程序，打开【热卖数码销售汇总】工作簿的【Sheet1】工作表。

步骤02 选定D9单元格，在编辑栏中选中"=SMU(D3:D7)"，并将其中的参数修改为"=SUM(D3*(1-4%),D4*(1-4%),D5* (1-4%),D6* (1-4%),D7* (1-4%))"，即可实现函数嵌套功能。

步骤03 按Ctrl+Enter组合键，即可在D9单元格显示计算结果，并在编辑栏中显示计算公式。

7.2.4 引用公式和函数

在Excel中引用单元格包括绝对引用、相对引用、混合引用等。单元格中如果有公式和函数也可以使用引用功能进行快速计算。

1．相对引用

相对引用包含了当前单元格与公式所在单元格的相对位置。默认设置下，Excel

2013使用的都是相对引用，当改变公式所在单元格的位置时，引用也会随之改变。

【例7-6】创建【统计表】工作簿，通过相对引用将工作表F2单元格中的公式复制到F3:F5单元格区域中。

(视频+素材)(光盘素材\第07章\例7-6)

步骤01 启动Excel 2013程序，创建【统计表】工作簿，在【Sheet1】工作表输入数据。选中F2单元格，并输入公式"=B2+C2+D2+E2"，计算销售合计值。

步骤02 将鼠标光标移至单元格F2右下角，当鼠标指针呈十字状态时，按住左键并拖动选定F3:F7区域。

步骤03 释放鼠标，即可将F2单元格中的

公式复制到F3：F7单元格区域中。

2．绝对引用

绝对引用就是公式中单元格的精确地址，与包含公式的单元格的位置无关。绝对引用与相对引用的区别在于：复制公式时使用绝对引用，则单元格引用不会发生变化。绝对引用的方法：在列标和行号前分别加上美元符号$。

【例7-7】在【统计表】工作簿中使用绝对引用公式。

(视频+素材)(光盘素材\第07章\例7-7)

步骤 01 启动Excel 2013程序，打开【统计表】工作簿的【Sheet1】工作表。选中F2单元格，并输入绝对引用公式"=$B$2+$C$2+$D$2+$E$2"，计算销售合计值。

步骤 02 将鼠标光标移至单元格F2右下角，当鼠标指针呈十字状态后，按住左键并拖动选定F3:F7区域。释放鼠标，用户将会发现在F3:F7区域中显示的引用结果与F2单元格中的结果相同。

3．混合引用

混合引用指的是在一个单元格引用中，既有绝对引用，又有相对引用，即混合引用具有绝对列和相对行，或具有绝对行和相对列。绝对引用列采用$A1、$B1的形式，行采用A$1、B$1的形式。如果公式所在单元格的位置改变，则相对引用改变，而绝对引用不变。如果多行或多列地复制公式，相对引用自动调整，而绝对引用不作调整。

【例7-8】将工作表中F2单元格中的公式混合引用到F3:F7单元格区域中。

(视频+素材)(光盘素材\第07章\例7-8)

步骤 01 启动Excel 2013程序，打开【统计表】工作簿的【Sheet1】工作表。选中F2单元格，并输入混合引用公式"=$B2+$C2+D$2+E$2"，按下Enter键后即可得到合计数值。

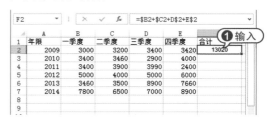

> **实战技巧**
>
> 其中的$B2、$C2是绝对列和相对行形式，D$2、E$2是绝对行和相对列形式。

步骤 02 将鼠标光标移至单元格F2右下角，当鼠标指针呈十字状态后，按住左键并拖动选定F3:F7区域。释放鼠标，混合引用填充公式，此时相对引用地址改变，而绝对引用地址不变。例如，将F2单元格中的公式填充到F3单元格中，公式将调整为"=$B3+$C3+D$2+E$2"。

7.3 定义和使用名称

名称是工作簿中某些项目或数据的标识符。在公式或函数中使用名称代替数据区域进行计算，可以使公式更为简洁，从而避免输入错误。

7.3.1 定义名称

为了方便处理数据，可以将一些常用的单元格区域定义为特定的名称。

【例7-9】创建【成绩表】工作簿，定义单元格区域名称。

▶(视频+素材) (光盘素材\第07章\例7-9)

步骤 01 启动Excel 2013程序，新建名为【成绩表】的工作簿，在【Sheet1】工作表中输入数据。

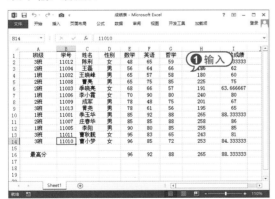

步骤 02 选定E2:E14单元格区域，打开【公式】选项卡，在【定义的名称】组中单击【定义名称】按钮。

步骤 03 打开【新建名称】对话框，在【名称】文本框中输入单元格的新名称，在【引用位置】文本框中可以修改单元格区域名称，然后单击【确定】按钮，完成名称的定义。

步骤 04 此时，即可在编辑栏中显示单元格区域的名称。

	A	B	C	D	E	F
1	班级	学号	姓名	性别	数学	英语
2	3班	11012	陈利	女	48	65
3	2班	11004	王磊	男	56	64
4	1班	11002	王晓峰	男	65	57
5	2班	11008	曹亮	男	65	75
6	2班	11003	季晓亮	女	68	
7	1班	11006	李小霞	女	70	90
8	2班	11009	成军	男	78	48
9	3班	11013	黄亮	男	78	61
10	1班	11001	季玉华	男	85	92
11	2班	11007	庄春华	男	85	85
12	1班	11005	李阳	男	90	80
13	3班	11011	曹秋靓	女	95	83
14	3班	11010	曹小梦	女	96	85
15						

步骤 05 选定F2:F14单元格区域并右击，

然后在弹出的快捷菜单中选择【定义名称】命令。打开【新建名称】对话框，在【名称】文本框中输入单元格的新名称并单击【确定】按钮，即可定义单元格区域名称。

步骤 06 选定G2:G14单元格区域，打开【公式】选项卡，在【定义的名称】组中单击【名称管理器】按钮。打开【名称管理器】对话框，在其中单击【新建】按钮。

步骤 07 打开【新建名称】对话框，在【名称】文本框中输入单元格的新名称并单击【确定】按钮。

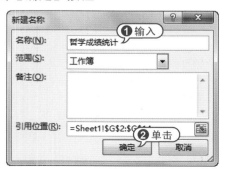

步骤 08 返回至【名称管理器】对话框，使用同样的方法，将E2:G14单元格区域命名为"achievement"，然后单击【确定】按钮。

步骤 09 单击【关闭】按钮，关闭【名称管理器】对话框，返回至工作表中。

> **知识点滴**
>
> 定义单元格或单元格区域名称时要注意如下几点：名称的最大长度为255个字符，不区分大小写；名称必须以字母、文字或者下划线开始，名称的其余部分可以使用数字或符号，但不能出现空格；定义的名称不能使用运算符和函数名。

7.3.2 使用名称

定义了单元格名称后，可以使用名称来代替单元格的区域进行计算，以便用户输入。

【例7-10】在【成绩表】工作簿中使用定义后的名称。

📹视频+素材 (光盘素材\第07章\例7-10)

步骤 01 启动Excel 2013程序，打开【成绩表】工作簿的【Sheet1】工作表。

步骤 02 选定A15:D15单元格区域，打开【开始】选项卡，在【对齐方式】组中单击【合并后居中】按钮，合并单元格，并在其中输入文本"每门功课的平均分"。

步骤 03 选定E15单元格，在编辑栏中输入公式"=AVERAGE(数学成绩统计)"，然后按Ctrl+Enter组合键，计算出数学成绩的平均分。

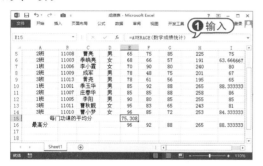

步骤 04 使用同样的方法，在F15、G15单元格中分别输入公式"=AVERAGE(英语(哲学)成绩统计)"，得出计算结果。

7.3.3 编辑名称

在使用名称过程中，用户可以根据需要使用名称管理器，对名称进行重命名、更改单元格区域以及删除等操作。

1. 名称的重命名

要重命名名称，用户可以在【公式】选项卡的【定义的名称】组中单击【名称管理器】按钮，打开【名称管理器】对话框。选择需要重命名的名称，然后单击【编辑】按钮，打开【编辑名称】对话框。

在【名称】文本框中输入新的名称，然后单击【确定】按钮即可完成重命名名称。

2．更改名称的单元格区域

若发现定义名称的单元格区域不正确，这时则需要使用名称管理器对其进行修改。

用户可以打开【名称管理器】对话框，选择需要更改的名称，然后单击【引用位置】文本框右侧的 按钮，返回至工作表中，重新选取单元格区域。

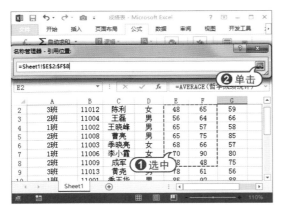

单击 按钮，返回【名称管理器】对话框，此时，在【引用位置】文本框显示更改后的单元格区域。单击 按钮，然后单击【关闭】按钮，关闭对话框即可更改名称的单元格区域。

3．删除名称

通常情况下，可以对多余的或未被使用过的名称进行删除。打开【名称管理器】对话框，选择要删除的名称，然后单击【删除】按钮

此时，系统会自动打开对话框，提示用户是否确定要删除该名称，单击【确定】按钮即可。

7.4 审核公式与函数

Excel 2013中有几种不同的工具，可以帮助用户查找和更正公式与函数，也可以方便用户对公式与函数进行审核。

7.4.1 错误值的含义

若公式与函数不能正确计算出结果，Excel则会显示一个错误值，如"#REF!"、"#N/A"等。公式与函数出错的原因不同，其解决方法也不同，具体如下。

▶ ####!错误：表示公式计算的结果太长，列宽不足以显示单元格中的内容。这时需要通过增加列宽或缩小字体来解决该问题。

▶ #NUM!错误：说明公式或函数中使

用了无效的数值，即在需要数字参数函数中使用了不能接受的参数，或公式计算结果的数字太大或太小，Excel无法表示。这时需要通过修改公式的数字或函数的参数来解决此类问题。

➡ #NAME?错误：表示删除了公式中的使用的名称，或使用了不存在的名称，或单元格名称拼写错误。这时需要检查公式，确保公式的使用名称确实存在，以保证引用单元格名称拼写正确。

➡ #REF!错误：删除了由其他公式或函数引用的单元格，或将移动单元格粘贴到其他公式引用的单元格中。这时，需要更改公式，或撤销删除或粘贴的单元格，使其恢复单元格数据。

➡ #N/A!错误：说明公式中无可用的数值或缺少函数参数。这时需要更改或添加函数参数来解决。

➡ #VALL!错误：表示公式或函数中使用的参数或操作数的类型不正确。这时需要检查是否把数字或逻辑值输入为文本，输入或编辑数组公式时必须确保数组常量不是单元格引用、公式或函数。

➡ #NULL!错误：表示使用了错误的区域运算或错误的单元格引用。这时可以通过引用单元格运算符来解决该问题。

➡ #DIV/O!错误：说明进行了除法计算，且数据除以零(0)时，返回的错误值。这时需要将除数更改为非零值。

7.4.2 监视窗口

在工作表中可以通过监视窗口查看几个单元格中公式或数值的变化，使数据在监视窗口中显示。

【例7-11】在【成绩表】工作簿中添加监视单元格。

▶ (视频+素材) (光盘素材\第07章\例7-11)

步骤 01 启动Excel 2013程序，打开【成绩表】工作簿的【Sheet1】工作表。

步骤 02 选择【公式】选项卡，在【公式审核】组中单击【监视窗口】按钮，打开【监视窗口】对话框，在其中单击【添加监视】按钮。

步骤 03 打开【添加监视点】对话框，单击 按钮。

步骤 04 选取单元格区域A2:H14，单击 按钮，打开对话框，显示选择的单元格区域范围，然后单击【添加】按钮。

步骤 05 在打开的系统信息提示框中单击【是】按钮。

步骤 06 此时，完成监视单元格的添加，显示跟踪单元格。双击某个条目，即可快速定位到表格中对应条目引用的单元格。

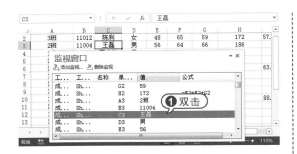

7.4.3 检查错误

使用公式和函数时，难免会出现错误，Excel可以用一定的规则检查出错误。

检查错误的方法有如下两种。

- 当发现错误时，立即显示在操作的工作表中，并在单元格左上角显示绿色三角形。选中该三角形，会在单元格附近自动出现提示按钮 ，单击该按钮，即可弹出一个菜单，显示错误的种类。

- 打开【公式】选项卡，在【公式审核】组中单击【错误检查】按钮 错误检查，打开【错误检查】对话框，在该对话框中显示错误的原因以及帮助信息等，还可以对错误进行更改。

【错误检查】对话框中，各选项的含义如下。

- 【关于此错误的帮助】按钮：单击该按钮，打开帮助文件，显示此错误的帮助信息。

- 【显示计算步骤】按钮：单击该按钮，打开【公式求值】对话框，以计算单元格中的数值。

- 【忽略错误】按钮：单击该按钮，保留现有内容不变，并且不再提示该单元格存在错误。

- 【在编辑栏中编辑】按钮：单击该按钮，将激活编辑栏，对当前错误单元格内容进行编辑修改。

- 【上一个】按钮：单击该按钮，检查上一个错误。

- 【下一个】按钮：单击该按钮，检查下一个错误。

- 【选项】按钮：单击该按钮，打开【Excel 选项】对话框，可以重新选择错误规则，是否允许后台检查错误和制定错误提示器的颜色。

7.4.4 追踪单元格

使用【公式审核】功能，可以用蓝色箭头图形化地显示或追踪单元格与公式之间的关系。包括追踪引用单元格(为指定单元格提供数据的单元格)和追踪从属单元格(依赖于指定单元格中的数值的单元格)。下面以具体实例来讲解追踪引用和从属单元格的方法。

【例7-12】在【成绩表】工作簿中，追踪引用和从属单元格。

(视频+素材) (光盘素材\第07章\例7-12)

步骤 01 启动Excel 2013程序，打开【成绩表】工作簿的【Sheet1】工作表。

步骤 02 选中平均成绩最高分所在的单元格I16，打开【公式】选项卡，在【公式审核】组中单击【追踪引用单元格】按钮，为其提供数据的单元格区域I2:I14会显示蓝色边框，并引出引用追踪箭头。

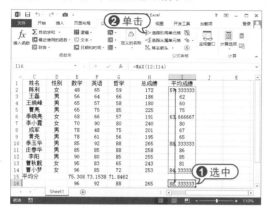

步骤 03 使用同样的方法，在【公式审核】组中单击【追踪引用单元格】按钮，为单元格区域I2:I14提供数据的单元格区域E2:H14引出引用追踪箭头。

步骤 04 选中I2单元格，在【公式审核】组中单击【移去箭头】下拉按钮，从弹出的下拉菜单中选中【移去引用单元格追踪箭头】命令。此时，会取消该单元格的一级引用追踪箭头。单击【移去箭头】按钮，即可取消所有的追踪箭头。

步骤 05 选中英语成绩最高分所在的F10单元格，在【公式审核】组中单击【追踪从属单元格】按钮，即会显示从单元格F10

到所有引用单元格F10公式的单元格的蓝色追踪箭头。

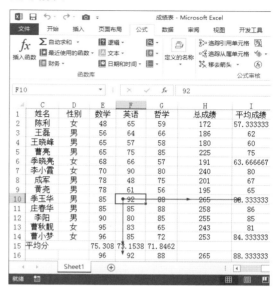

步骤 06 选中F10单元格，单击【追踪从属单元格】按钮，即会从所有引用单元格F10公式的单元格开始，引出从属追踪箭头。

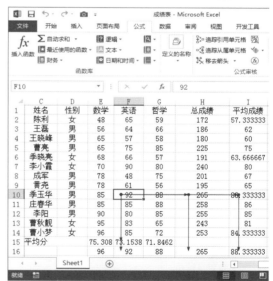

实战技巧

单击【追踪引用单元格】按钮显示由活动单元格指向直接为其提供数据的单元格的追踪箭头。单击【追踪从属单元格】按钮显示由活动单元格指向其从属单元格的追踪箭头。

7.5 实战演练

本章的实战演练部分为运用公式计算工资预算综合实例操作，用户通过练习可以巩固本章所学知识。

下面将通过实例介绍在Excel中利用公式计算工资预算的方法。

【例7-13】创建【工资预算表】工作簿，使用公式和函数进行计算。

(视频+素材) (光盘素材\第07\例7-13)

步骤 01 启动Excel 2013程序，创建【工资预算表】工作簿，并在【Sheet1】工作表中输入数据。

步骤 02 选中G3单元格，将鼠标指针定位至编辑栏中并输入"="。

步骤 03 单击F3单元格，在其中输入"*"。

步骤 04 单击C12单元格，然后按下F4键。

步骤 05 按Enter键，即可在G3单元格中计算出员工"林海涛"的加班补贴。

步骤 06 选中G3单元格后，按下Ctrl+C组合键复制公式。选中G4:G11单元格区域，然后按下Ctrl+V组合键粘贴公式，系统将自动计算结果如下图所示。

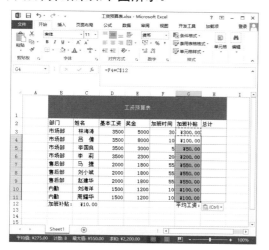

步骤 07 选中H3单元格，输入公式"=D3+E3+G3"。

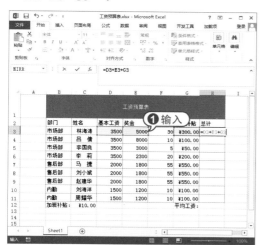

步骤 08 按下Enter键，即可在H3单元格中计算出员工"林海涛"的总工资。

步骤 09 将鼠标指针移动至H3单元格右下角，当其变为加号状态时，按住鼠标左键拖动至H11单元格，计算出所有员工的总收入。

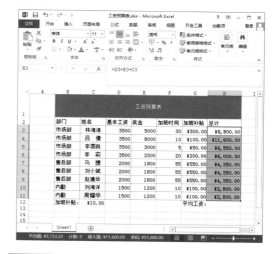

步骤 10 选中H12单元格，然后选择【公式】选项卡，在【函数库】组中单击【自动求和】下拉列表按钮，在弹出的下拉列表中选中【平均值】选项。

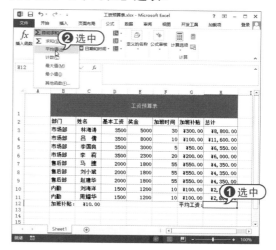

步骤 11 按下Ctrl+Enter组合键，即可在H12单元格中计算出所有员工的平均工资。

2000	1800	55	¥550.00	¥4,350.00
1500	1200	10	¥100.00	¥2,800.00
1500	1200	10	¥100.00	¥2,800.00
			平均工资:	¥5,733.33

步骤 12 完成以上操作后，单击【保存】按钮，保存【工资预算表】工作簿。

专家答疑

>> 问：如何在Excel中使用没用过的函数？

答：如果在使用函数时不了解该函数，可以打开【插入函数】对话框，单击【有关该函数的帮助】链接，打开【Excel帮助】任务窗格，并链接网络，查找出函数的语法、参数、使用方法和示例等信息。

读书笔记

第8章

实用函数操作

Excel 2013提供了多种函数用于计算和应用，比如数学和三角函数、日期和时间函数、查找和引用函数等。本章将主要介绍这些函数在电子表格中的应用技巧。

8.1 数学和三角函数

Excel 2013提供了多种数学函数，比如求和、绝对值、幂、对数、取整以及余数等，主要用于数学计算。Excel 2013同样也提供了多种三角函数，比如正弦、余弦、正切等，主要用于角度计算。

8.1.1 数学和三角函数简介

下面将进行主要的数学函数和三角函数的介绍。

1. 数学函数

下面将对主要的数学函数进行介绍，帮助用户理解数学函数的种类、功能、语法结构及参数的含义。

> **ABS函数**：用于计算指定数值的绝对值，绝对值是没有符号的。其语法结构为：ABS(number)。其中，参数number为需要返回绝对值的实数。

> **SUM函数**：用于计算某一单元格区域中所有数字之和。其语法结构为：SUM(number1,number2,…)。其中，参数number1,number2,…表示要对其求和的1~255个可选参数。

> **INT函数**：用于将数字向下舍入到最接近的整数。其语法结构为：INT(number)。其中，参数number表示需要进行向下舍入取整的实数。当其值为负数时，将向绝对值增大的方向取整0。

> **MOD函数**：用于返回两个数相除的余数。无论被除数能不能被整除，其返回值的正负号都与除数相同。其语法结构为：MOD(number,divisor)。其中，参数number表示被除数；参数divisor表示除数。

> **EXP函数**：用于计算指定数值的幂，即返回e的n次幂。其语法结构为：EXP(number)。其中，参数number表示应用于底数e的指数。常数e等于2.71828182845904，是自然对数的底数。

> **FLOOR函数**：用于计算指定数值的幂，即返回e的n次幂。其语法结构为：EXP(number)。其中，参数number表示应用于底数e的指数。常数e等于2.71828182845904，是自然对数的底数。

> **ROUND函数**：用于返回某个数字按指定位数取整后的数字。其语法结构为：ROUND(number,num_digits)。其中，参数number表示需要进行四舍五入的数字；参数num_digits用于指定行四舍五入的具体位数。

2. 三角函数

下面分别对各三角函数进行介绍，帮助用户理解三角函数的种类、功能、语法结构及参数的含义。

> **COS函数**：用于返回指定角度的余弦值。其语法结构为：COS(number)。其中，参数number表示需要求余弦的角度，单位为弧度。

> **SIN函数**：用于返回指定角度的正弦值。其语法结构为：SIN(number)。其中，参数number表示需要求正弦的角度，单位为弧度。

> **TAN函数**：用于返回指定角度的正切值。其语法结构为：TAN(number)。其中，参数number表示需要求正切的角度，单位为弧度。

> **DEGREES函数**：用于将弧度转换为角度。其语法结构为：DEGREES(angle)。其中，参数angle表示需要转换的弧度值。

> **TANH函数**：用于返回参数的双曲正切值。其语法结构为：TANH(number)。其

中，参数number为任意实数。

8.1.2 计算工资

为了便于用户掌握数学函数，下面将以常用函数中的SUM函数、INT函数和MOD函数为例，介绍数学函数应用方法。

【例8-1】新建【员工工资领取】工作表，使用SUM函数、INT函数和MOD函数计算总工资、具体发放人民币的情况。

视频+素材 (光盘素材\第08章\例8-1)

步骤 **01** 启动Excel 2013程序，新建一个名为"员工工资领取"的工作簿，并在其中输入数据。

步骤 **02** 选中E5单元格，打开【公式】选项卡，在【函数库】组中单击【自动求和】按钮。

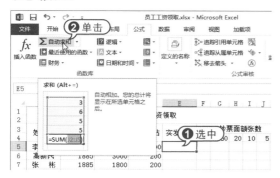

步骤 **03** 插入SUM函数，并自动添加函数参数，按Ctrl+Enter组合键，计算出员工"李林"的实发工资。

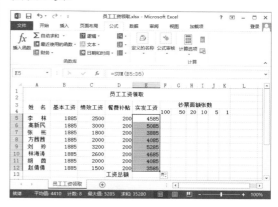

步骤 **04** 选中E5单元格，将光标移至E5单元格右下角，待光标变为十字箭头时，按住鼠标左键向下拖至E12单元格中，释放鼠标，进行公式的复制，计算出其他员工的实发工资。

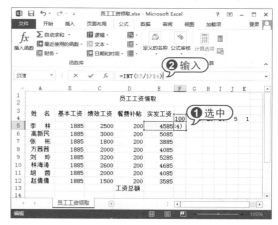

步骤 **05** 选中F5单元格，在编辑栏中使用INT函数输入以下公式："=INT(E5/$F$4)"。

步骤 **06** 按下Ctrl+Enter组合键，即可计算出员工"李林"工资应发的100元面值人民币的张数。

步骤 07 使用相对引用的方法，复制公式到F6:F12单元格区域，计算出其他员工工资应发的100元面值人民币的张数。

步骤 08 选中G5单元格，在编辑栏中使用INT函数和MOD函数输入公式："=INT(MOD(E5,$F$4)/$G$4)"。

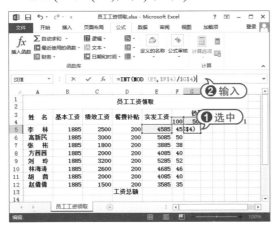

步骤 09 按Ctrl+Enter组合键，即可计算出员工"李林"工资的剩余部分应发的50元面值人民币的张数。使用相对引用的方法，复制公式到G5:G11单元格区域，计算出其他员工工资的剩余部分应发的50元面值人民币的张数。

步骤 10 选中H5单元格，在编辑栏中输入以下公式："=INT(MOD(MOD(E5,$F$4),$G$4)/$H$4)"按Ctrl+Enter组合键，即可计算出员工"李林"工资的剩余部分应发的20元面值人民币的张数。使用相对引用的方法，复制公式到H5:H11单元格区域，计算出其他员工工资的剩余部分应发的20元面值人民币的张数。

步骤 11 使用同样的方法，计算出员工工资的剩余部分应发的10元、5元和1元面值人民币的张数。

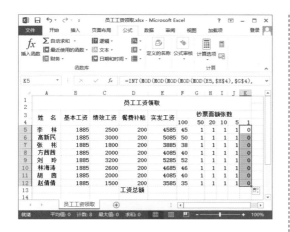

8.1.3 计算三角函数

为了便于用户掌握三角函数的使用，下面将以常用函数中的SIN函数、COS函数和TAN函数为例，介绍三角函数的应用方法。

【例8-2】新建【三角函数速查表】工作簿，使用SIN函数、COS函数和TAN函数计算正弦值、余弦值和正切值。

视频+素材 (光盘素材\第08章\例8-2)

步骤 01 启动Excel 2013程序，新建一个名为"三角函数速查表"的工作簿，并在其中输入数据。

步骤 02 选中C3单元格，在【公式】选项卡的【函数库】组中单击【插入函数】按钮，打开【插入函数】对话框。在【或选择类别】下拉列表中选择【数学与三角函数】选项，在【选择函数】列表框中选择【RADIANS】选项，然后单击【确定】按钮。

步骤 03 打开【函数参数】对话框，在【Angle】文本框中输入"B3"，然后单击【确定】按钮。

步骤 04 此时，在C3单元格中将显示对应的弧度值。

步骤 05 使用相对引用，将公式复制到C4:C19单元格中。

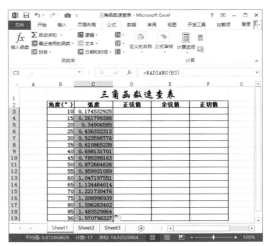

步骤 06 选中D3单元格，使用SIN函数在编辑栏中输入"=SIN(C3)"，按Ctrl+Enter组合键，计算出对应的正弦值。

步骤 07 使用相对引用，将公式复制到D4:D19单元格中。

步骤 08 选中E3单元格，使用COS函数。在编辑栏中输入"=COS(C3)"，按Ctrl+Enter组合键，计算出对应的余弦值。

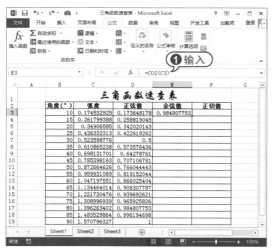

步骤 09 使用相对引用，将公式复制到其他单元格区域E4:E19单元格中。

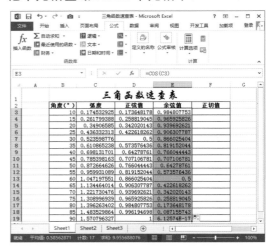

步骤 10 选中F3单元格，使用TAN函数在编辑栏中输入"=TAN(C3)"，按Ctrl+Enter组合键，计算出对应的正切值。

步骤 11 使用相对引用，将公式复制到其他单元格区域F4:F19单元格中，完成表格。

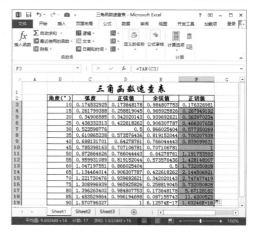

8.2 文本和逻辑函数

在Excel中进行文本信息处理的函数称为文本函数，而逻辑函数在条件判断、验证数据有效性方面有着重要的作用。

8.2.1 文本和逻辑函数简介

Excel 2013提供了多种文本函数，主要用于转化Excel表格中的数据格式。同时也提供了多种逻辑函数，一般嵌套在其他函数中应用。通过逻辑函数，可以进行条件匹配、真假值判断，并返回不同数值。

1. 文本函数

下面介绍几种常用文本函数。

▶ CODE函数：用于返回文本字符串中第一个字符所对应的数字代码(其范围为1~255)。返回的代码对应于计算机当前使用的字符集。其语法结构为：CODE(text)。其中，参数text表示需要得到其第一个字符代码的文本。

▶ CLEAN函数：用于删除文本中含有的当前Windows 7操作系统无法打印的字符。其语法结构为：CLEAN(text)。其中，参数text表示要从中删除不能打印字符的任何工作表信息。如果直接使用文本，需要添加双引号。

▶ LEFT函数：用于从指定的字符串中的最左边开始返回指定的字符数。其语法结构为：LEFT(text,num_chars)。其中，参数text表示所提取字符的字符串；参数num_chars表示指定要提取的字符数。num_chars必须大于或等于零。

▶ CODE函数：用于返回文本字符串中第一个字符所对应的数字代码(其范围为1~255)。返回的代码对应于计算机当前使用的字符集。其语法结构为：CODE(text)。其中，参数text表示需要得到其第一个字符代码的文本。

▶ LEN函数：用于返回文本字符串中的字符数。其语法结构为：LEN(text)。其

中，参数text表示要查找设定长度的文本，空格也将作为字符进行计数。

▶ MID函数：用于从文本字符串中提取指定的位置开始的特定数目的字符。其语法结构为：MID(text,start_num,num_chars)。其中，参数text表示要提取字符的文本字符串；参数start_num表示要在文本字符串中提取的第一个字符的位置，文本中第一个字符的start_num为1，依此类推；参数num_chars表示提取字符的个数。

▶ REPT函数：用于按照指定的次数重复显示文本，但结果不能超过255个字符。其语法结构为：REPT(text,number_times)。其中，参数text表示需要重复显示的文本；参数number_times表示重复显示文本的次数(正数)。如果number_times不是整数，则截尾取整。

2. 逻辑函数

下面介绍几种常用逻辑函数。

▶ AND函数：用于对多个逻辑值进行交集运算。当所有参数的逻辑值为真时，将返回运算结果为TURE，反之，返回运算结果为FALSE。其语法结构为：AND(logical1,logical2,…)其中，参数logical1,logical2,…为1~255个要进行检查的条件，它们可以为TRUE或FALSE。

▶ IF函数：用于根据对所知条件进行判断，返回不同的结果。它可以对数值和公式进行条件检测，常与其他函数结合使用。其语法结构为：IF(logical_test,value_if_true,value_if_false)。其中，参数logical_test表示计算结果为TRUE或FALSE的任意值或表达式；参数value_if_true表示logical_test为TRUE时返回的值。如果省略，则返回字符串TRUE；参数value_if_false表示

logical_test为FALSE时返回的值。如果省略，则返回字符串FALSE。

> OR函数：用于判断逻辑值并集的计算结果。当任何一个参数逻辑值为TRUE时，都将返回TURE；否则返回FALSE。其语法结构为：OR(logical1,logical2,…)。其中，参数logical1,logical2,…与AND函数的参数一样，数目页是可选的，范围为1~255。

> TRUE函数：用于返回逻辑值TRUE。其语法结构为：TRUE()。该函数不需要参数。

8.2.2 处理文本函数

为了便于掌握文本函数，下面将以常用函数中的LEFT函数、LEN函数、REPT函数和MID函数为例，介绍文本函数的应用方法。

【例8-3】新建【培训安排信息统计】工作簿，使用文本函数处理文本信息。

视频+素材 (光盘素材\第08章\例8-3)

步骤 01 启动Excel 2013程序，新建一个名为"培训安排信息统计"的工作簿，并在其中输入数据。

步骤 02 选中D3单元格，在编辑栏中输入"=LEFT(B3,1)&IF(C3="女","女士","先生")"。

步骤 03 按Ctrl+Enter组合键，即可从信息中提取"曹震"的称呼。

步骤 04 将光标移动至D3单元格右下角，待光标变为实心十字形时，按住鼠标左键向下拖至D10单元格，进行公式填充，从而提取所有指导教师的称呼。

步骤 05 选中G3单元格，在编辑栏中输入公式"=REPT(H1,INT(F3))"，按Ctrl+Enter组合键，计算公式结果。

步骤 06 在编辑栏中选中"H1"，按F4快捷键，将其更改为绝对引用方式"$H$1"。按Ctrl+Enter组合键，完成公式。

步骤 07 使用相对引用方式复制公式至G4:G10单元格区域，计算不同的培训课程所对应的课程等级。

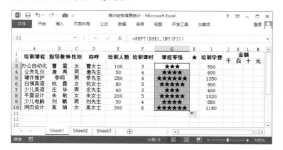

步骤 08 选中J3单元格，在编辑栏中输入公式"=IF(LEN(I3)=4,MID(I3,1,1),0)"。

步骤 09 按Ctrl+Enter组合键，从"办公自动化"的培训学费中提取"千"位数额。使用相对引用方式复制公式至J4:J10单元格区域，计算不同的培训课程所对应的培训学费中千位数额。

步骤 10 选中K3单元格，在编辑栏中输入"=IF(J3=0,IF(LEN(I3)=3,MID(I3,1,1),0),MID(I3,2,1))"，按Ctrl+Enter组合键，提取"办公自动化"培训学费中的"百"位数额。

步骤 11 使用相对引用方式复制公式至K4:K10单元格区域，计算出不同的培训课程所对应的培训学费中百位数额。

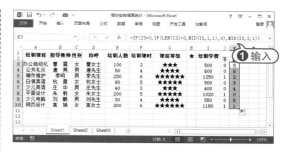

步骤 12 选中L3单元格，在编辑栏中输入"=IF(J3=0,IF(LEN(I3)=2,MID(I3,1,1),MID(I3,2,1)),MID(I3,3,1))"，按Ctrl+Enter组合键，提取"办公自动化"培训学费中的"十"位数额。使用相对引用方式复制公式至L4:L10单元格区域，计算出不同的培训课程所对应的培训学费中十位数额。

步骤 13 选中M3单元格，在编辑栏中输入"=IF(J3=0,IF(LEN(I3)=1,MID(I3,1,1),MID(I3,3,1)),MID(I3,4,1))"，按Ctrl+Enter组合键，提取"办公自动化"培训学费中的"元"位数额。使用相对引用方式复制公式至M4:M10单元格区域，计算出不同的培训课程所对应的培训学费中个位数额。

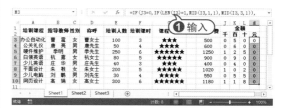

8.2.3 逻辑筛选数据

为了便于用户掌握逻辑函数，下面将以常用函数中的IF函数、NOT函数和AND函数为例，介绍逻辑函数的应用方法。

【例8-4】使用IF函数、NOT函数和OR函数考评和筛选数据。

📺(视频+素材) (光盘素材\第08章\例8-4)

步骤 **01** 启动Excel 2013应用程序，新建一个名为"成绩统计"的工作簿，然后重命名Sheet1工作表为"考评和筛选"，并在其中创建数据。

步骤 **02** 选中F3单元格，在编辑栏中输入："=IF(AND(C3>=80,D3>=80,E3>80),"达标","没有达标")"。

步骤 **03** 按Ctrl+Enter组合键，对胡东进行成绩考评，满足考评条件，则考评结果为"达标"。

步骤 **04** 将光标移至F3单元格右下角，当光标变为实心十字形时，按住鼠标左键向下拖至F8单元格，进行公式填充。公式填充后，如果有一门功课成绩小于80，将返回运算结果"没有达标"。

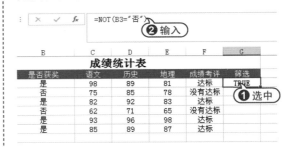

步骤 **05** 选中G3单元格，在编辑栏中输入以下公式："=NOT(B3="否")"，按Ctrl+Enter组合键，返回结果TRUE，筛选竞赛得奖者与未得奖者。

步骤 **06** 使用相对引用方式复制公式到G4:G8单元格区域，如果"是"竞赛得奖者，则返回结果TRUE；反之，则返回结果FALSE。

8.3 日期和时间函数

日期函数主要用于日期对象的处理，完成转换、返回日期的分析和操作。时间函数用于处理时间对象，用来完成返回时间值、转换时间格式等与时间有关的分析和操作。

8.3.1 日期和时间函数简介

下面将分别介绍常用日期函数与时间函数的语法结构和参数说明。

1. 日期函数

日期函数主要由DATE、DAY以及MONTH等函数组成。下面分别对常用的日期函数进行介绍，帮助用户理解日期函数的功能、语法结构及参数的含义。

● DATE函数：用于将指定的日期转换为日期序列号。其语法结构为：DATE(year,month,day)。其中，参数year表示指定的年份，可以为1~4位的数字；month表示一年中从1月~12月各月的正整数或负整数；day表示一个月中从1日~31日中各天的正整数或负整数。

● DAY函数：用于返回指定日期所对应的当月天数。其语法结构为：DAY(serial_number)。其中，参数serial_number表示指定的日期。除了使用标准日期格式外，还可以使用日期所对应的序列号。

● EDATE函数：用于返回某个日期的序列号，该日期代表指定日期(start_date)之间或之后的月数。其语法结构为：EDATE(start_date,months)。其中，参数start_date表示一个开始日期，参数months表示在start_date之前或之后的月数。正数表示未来日期，负数表示过去日期。

● MONTH函数：用于计算指定日期所对应的月份，是一个1月~12月之间的整数。其语法结构为：MONTH(serial_number)。其中，参数serial_number表示要计算月份的日期。除了使用标准日期格式外，还可以使用日期所对应的序列号。

● YEAR函数：用于返回指定日期所对应的年份，值为1900~9999之间的一个整数。其语法结构为：YEAR(serial_number)。其中，参数serial_number表示要返回的日期。除了使用标准日期格式外，还可以使用日期所对应的序列号。

2. 时间函数

Excel 提供了多个时间函数，主要由HOUR、MINUTE、SECOND、NOW、TIME和TIMEVALUE等函数组成，用于处理时间对象，完成返回时间值、转换时间格式等与时间有关的分析和操作。

● HOUR函数：用于返回某一时间值或代表时间的序列数所对应的小时数，其返回值为0(12:00AM)~23(11:00PM)之间的整数。其语法结构为：HOUR(serial_number)。其中，参数serial_number表示将要计算小时的时间值，包含要查找的小时数。

● MINUTE函数：用于返回某一时间值或代表时间的序列数所对应的分钟数，其返回值为0~59之间的整数。其语法结构为：MINUTE(serial_number)。其中，参数serial_number表示需要返回分钟数的时间，包含要查找的分钟数。

● SECOND函数：用于返回某一时间值或代表时间的序列数所对应的秒数，其返回值为0~59之间的整数。其语法结构为：SECOND(serial_number)。其中，参数serial_number表示需要返回秒数的时间值，包含要查找的秒数。

● TIME函数：用于将指定的小时、分钟和秒合并为时间，或者返回某一特定时间的小数值。其语法结构为：TIME(hour,minute,second)。其中，参数

hour表示小时；参数minute表示分钟；参数second表示秒；参数的数值范围为0~32767之间。

8.3.2 计算还款日期

下面应用日期函数中的EDATE和DATE函数，举例介绍日期函数的用法。

【例8-5】创建【个人借贷】工作簿，使用EDATE和DATE函数计算还款日期。

[视频+素材] (光盘素材\第08章\例8-5)

步骤 01 启动Excel 2013应用程序，新建一个名为"个人借贷"的工作簿，并在其中输入数据。

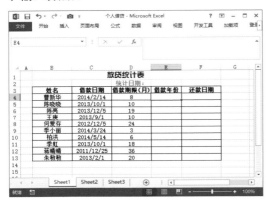

步骤 02 选中E4单元格，打开【公式】选项卡，在【函数库】组中单击【插入函数】按钮，打开【插入函数】对话框。在【或选择类别】下拉列表框中选择【日期和时间】选项，在【选择函数】列表框中选择YEAR选项，然后单击【确定】按钮。

步骤 03 打开【函数参数】对话框，在【Serial_number】文本框中输入"C4"，然后单击【确定】按钮，计算出借款日期所对应的年份。

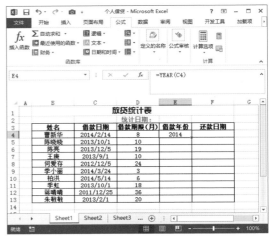

步骤 04 将光标移至E4单元格右下角，当光标变为实心十字形状时，按住鼠标左键向下拖动到E13单元格，然后释放鼠标，即可进行公式填充，并返回计算结果，计算出所有借款日期所对应的年份。

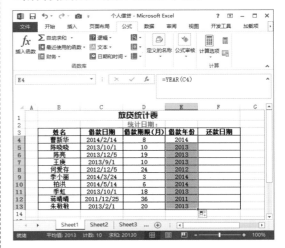

步骤 05 选中F2单元格，按Ctrl+；快捷键，即可输入当前系统日期。

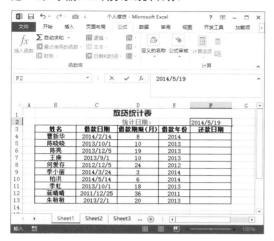

步骤 06 选中F4单元格，在编辑栏中输入公式：=TEXT(EDATE(C4,D4),"YYYY/MM/DD")。按Ctrl+Enter组合键，即可根据"曹新华"的借款日期和期限计算出还款日期。

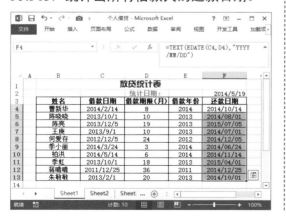

步骤 07 使用相对引用方式复制公式至F5:F13，统计出所有借款人的还款日期。

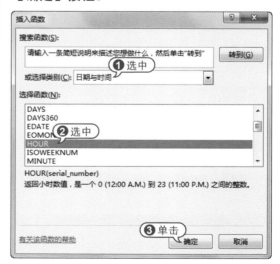

8.3.3 统计上班时间

为了便于用户掌握日期函数，下面将以几种常用的时间函数为例，介绍其在实际工作中的应用。

【例8-6】 使用时间函数统计员工上班时间，计算员工迟到罚款金额。

（视频+素材）(光盘素材\第08章\例8-6)

步骤 01 新建一个名为"公司考勤表"的工作簿，并在其中创建数据和套用表格样式。

步骤 02 选中C3单元格，打开【公式】选项卡，在【函数库】组中单击【插入函数】按钮，打开【插入函数】对话框。然后在该对话框的【或选择类别】下拉列表框中选择【日期和时间】选项，在【选择函数】列表框中选择HOUR选项，并单击【确定】按钮。

步骤 03 打开【函数参数】对话框，在Serial_number文本框中输入B3，单击【确定】按钮，统计出员工"李林"的刷卡小时数。

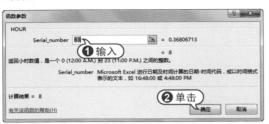

步骤 04 使用相对引用方式填充公式至D4:D12单元格区域，统计所有员工的刷卡小时数。

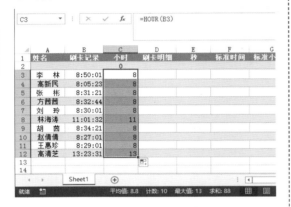

步骤 05 选中D3单元格，在编辑栏中输入公式：=MINUTE(B3)按Ctrl+Enter组合键，统计出员工"李林"的刷卡分钟数。

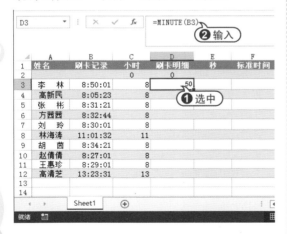

步骤 06 使用相对引用方式填充公式至D4:D12单元格区域，统计所有员工刷卡的

秒数。

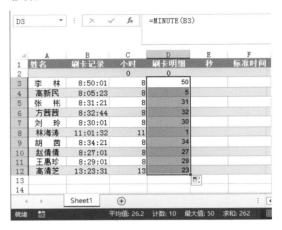

步骤 07 选中E3单元格，在编辑栏中输入以下公式：=SECOND(B3) 。按Ctrl+Enter组合键，统计出员工"李林"的刷卡秒数。使用相对引用方式填充公式至E4:E12单元格区域，统计所有员工刷卡的秒数。

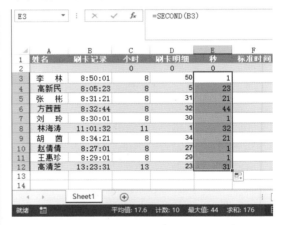

步骤 08 选中F3单元格，然后在编辑栏中输入以下公式：=TIME(C3,D3,E3)按Ctrl+Enter组合键，即可将指定的数据转换为标准时间格式。使用相对引用方式填充公式到F4:F12单元格区域，将所有员工刷卡的时间转换为标准时间格式。

步骤 09 选中G3单元格，在编辑栏中输入以下公式：=TIMEVALUE（"8:50:01"）按Ctrl+Enter组合键，将员工"李林"的标准时间转换为小数值。

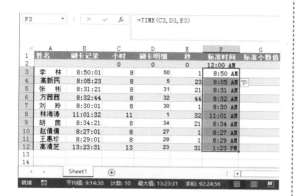

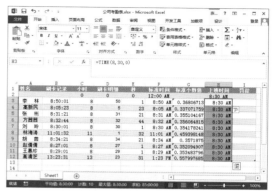

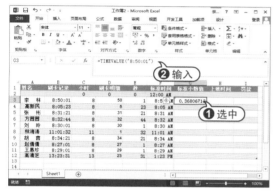

步骤 10 使用同样的方法，计算其他员工刷卡标准时间的小数值。

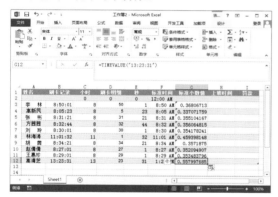

步骤 11 选中H3单元格，输入公式：=TIME(8,30,0)。按Enter键，输入公司规定的上班时间为8:30:00 AM，此处的格式为标准时间格式。使用相对引用方式填充公式至H3:H12单元格区域，输入规定的标准时间格式的上班时间。

步骤 12 选中I3单元格，在编辑栏中输入以下公式：=IF(F4<H4,""," ",IF(MINUTE(F4-H4)>30,"50元","20元"))按Ctrl+Enter组合键，计算"李林"罚款金额，空值表示该员工未迟到。使用相对引用方式填充公式I4:I12单元格区域，计算出迟到员工的罚款金额。

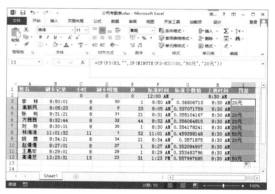

步骤 13 选中J2单元格，输入公式：=NOW()。按Ctrl+Enter组合键，返回当前系统的时间。

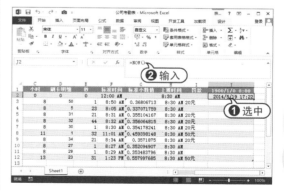

8.4 财务和统计函数

财务函数是用于进行财务数据计算和处理的函数，统计函数是指对数据区域进行统计计算和分析的函数，使用财务和统计函数可以提高实际财务统计的工作效率。

8.4.1 财务和统计函数简介

下面将分别介绍常用财务函数与统计函数的语法结构和参数说明。

1. 财务函数

财务函数主要分为投资函数、折旧函数、本利函数和回报率函数4类，它们为财务分析提供了极大的便利。下面介绍几种常用财务函数。

❥ PMT函数：PMT函数基于固定利率及等额分期付款方式，返回贷款的每期付款额。其语法结构为：PMT(rate,nper,pv,fv,type)。其中，参数rate表示各期利率；参数nper表示该项贷款的付款总数；参数pv表示现值，即本金；参数fv表示未来值，即最后一次付款后希望得到的现金余额；参数type表示指定各期的付款时间是期初还是期末，其值可以为0或1(0为期末，1为期初)。

❥ SYD函数：用于返回某项资产按年限总和折旧法计算的指定期间的折旧值。其语法结构为：SYD(cost,salvage,life,per)。其中，参数cost表示资产原值；参数salvage表示资产在折旧期末的价值，也称为资产残值；参数life表示折旧期限，也称为资产的使用寿命；参数per表示期间，单位与life相同。

❥ SLN函数：用于返回某项资产在一个期间内的线性折旧值。其语法结构为：SLN(cost,salvage,life)。其中，参数cost表示资产原值；参数salvage表示资产在折旧期末的价值，也称为资产残值；参数life表示折旧期限，也称作资产的使用寿命。

❥ IPMT函数：IPMT函数基于固定利率及等额分期付款方式，返回投资或贷款在某一给定期限内的利息偿还额。其语法结构为：IPMT(rate,per,nper,pv,fv,type)。其中，参数rate表示各期利率；参数per表示用于计算其利息数额的期数，在1~per之间；参数nper表示总投资期；参数pv表示现值，即本金；参数fv表示未来值，即最后一次付款后的现金余额；参数type表示指定各期的付款时间是期初还是期末，其值可以为0或1(0为期末，1为期初)。

2. 统计函数

统计函数分为常规统计函数和数理统计函数两类，下面介绍几种常用统计函数。

❥ AVERAGE函数：用于返回参数的平均值。其语法结构为：AVERAGE(number1,number2,…)。其中，参数number1,number2,…表示要计算其平均值的1~255个参数。

❥ MAX函数：用于返回一组值中的最大值。其语法结构为：MAX(number1, number2,…)。其中，参数number1,number2,…表示要从中找到最大值的1~255个参数。它们可以是数字或者包含数字的名称、数字或引用。

❥ RANK函数：用于返回一个数值在一组数值中的排位。其语法结构为：RANK(number,ref,order)。其中，参数number表示需要计算其排位的一个数字；参数ref表示包含一组数字的数组或引用，其值为非数值型时将被忽略；参数order表示一个数字，指明排位的方式，若为0或省略则为降序，非零值则为升序。

❥ FREQUENCY函数：用于返回数值在指定区域内出现的频率。其语法结构为：FREQUENCY(data_array,bins_array)。其中，参数data_array表示用来计算频率的数值，或数组区域的引用(空格及字符串忽略)；参数bins_array表示一个数据接收区间，为一个数组或对数组区间的引用，设定对data_array进行频率计算的分段点。

8.4.2 计算折旧值

下面以在工作簿中计算设备折旧值为例，介绍财务函数的应用方法。

【例8-7】新建【公司设备折旧】工作簿，使用财务函数SYD和SLN计算设备每年、每月和每日的折旧值。

（视频+素材）(光盘素材\第08章\例8-7)

步骤 01 启动Excel 2013程序，新建一个名为"公司设备折旧"的工作簿，并在【Sheet1】工作表中输入数据。

步骤 02 选中C5单元格，打开【公式】选项卡，在【函数库】组中单击【财务】按钮，从弹出的快捷菜单中选择【SLN】命令。

步骤 03 打开【函数参数】对话框，在【Cost】文本框中输入"B3"；在【Salvage】文本框中输入"C3"；在【Life】文本框中输入"D3*365"，然后单击【确定】按钮，使用线性折旧法计算设备每天的折旧值。

步骤 04 选中C6单元格，在编辑栏中输入公式"=SLN(B3,C3,D3*12)"，然后按Enter键，即可使用线性折旧法计算出每月的设备折旧值。

步骤 05 选中C7单元格，在编辑栏中输入公式"=SLN(B3,C3,D3)"，然后按Ctrl+Enter组合键，即可使用线性折旧法计算出设备每年的折旧值。

步骤 06 选中E5单元格,打开【公式】选项卡,在【函数库】组中单击【财务】按钮,从弹出的快捷菜单中选择SYD命令,打开【函数参数】对话框。在【Cost】文本框中输入"B3";在【Salvage】文本框中输入"C3";在【Life】文本框中输入"D3";在【Per】文本框中输入"D5",然后单击【确定】按钮,使用年限总和折旧法计算第1年的设备折旧额。

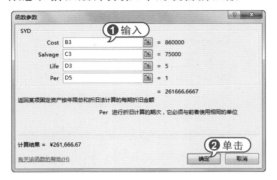

步骤 07 在编辑栏中将公式更改为"=SYD ($B$3, $C$3,$D$3,D5)",然后按Ctrl+Enter组合键,计算公式结果。

步骤 08 使用相对引用复制公式至E6:E9单元格区域,计算出不同年限的折旧额。

步骤 09 选中E11单元格,输入公式"=SUM(E5:E9)",然后按Ctrl+Enter组合键,计算累积折旧额。

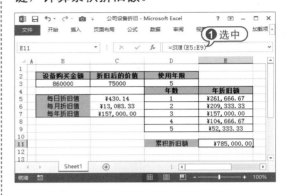

8.4.3 统计成绩名次

下面以RANK函数统计学生成绩的名次为例,介绍统计函数的应用方法。

【例8-8】利用RANK函数求学生成绩总分排名。

▣(视频+素材)(光盘素材\第06章\例8-8)

步骤 01 启动Excel 2013程序,新建一个名为"成绩表"的工作簿,然后在工作表中输入所需要的数据,并选中G6单元格。

步骤 02 单击编辑栏上的【插入函数】按钮 *fx* ,打开【插入函数】对话框,并在【选择函数】列表框中选择【RANK.AVG】函数,然后单击【确定】按钮。

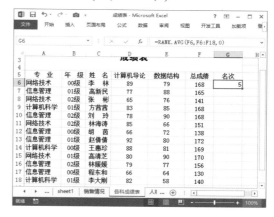

=RANK.AVG(F6,F6:F18,0)。

步骤 03 打开【函数参数】对话框，对不同的函数参数分别输入数据进行设置，然后单击【确定】按钮。

步骤 04 此时，编辑栏中的公式为：

步骤 05 使用相对引用方式复制公式，在G列显示函数运行结果，统计总成绩的名次。

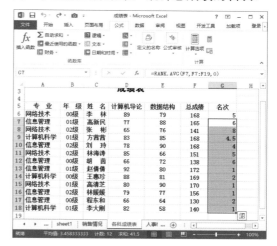

8.5 查找和引用函数

查找函数用于在单元格中查找指定内容的函数。引用函数可以在数据清单或工作表中查找指定单元格区域的位置，或查找某一单元格的引用。

8.5.1 查找和引用函数简介

在Excel 中，用户可以通过引用函数在数据清单或工作表中查找某个单元格引用；通过查找函数完成在数据清单或工作表中查找特定数值的操作。

1. 查找函数

下面将分别对各种查找函数进行介绍，以帮助用户掌握查找函数的基础知识。

◐ AREAS函数：用于返回引用中包含的区域(连续的单元格区域或某个单元格)个数。其语法结构为：AREAS(reference)。其中，参数reference表示对某个单元格或单元格区域的引用，也可以引用多个区域。

◐ CHOOSE函数：用于从给定的参数中返回指定的值。其语法结构为：CHOOSE(index_num,value1,value2,…)。其中，参数index_num表示待选参数序号，即指明从给定参数中选择的参数，必须为1~254之间的数字，或者是包含数字1~254的公式或单元格引用；参数value1,value2,…表示1~254个数值参数，CHOOSE函数基于index_num从中选择一个数值，参数可以为数字、单元格引用、名称、公式、函数或文本。

❯ MATCH函数：用于返回在指定方式下与指定数值匹配的数组中元素的相对位置。其语法结构为：MATCH(lookup_value,lookup_array,match_type)。其中，参数lookup_value表示需要在数据表中查找的数值，该值可以是数值、文本或逻辑值，也可以是数值的名称或引用；参数lookup_array表示包含所要查找数值的连续单元格区域，一个数值或是对某数组的引用；参数match_type表示数字-1、0或1，指定在lookup_array中查找lookup_value。

❯ LOOKUP函数：用于从单行、单列或从数组中查找一个值。LOOKUP函数具有两种语法形式：向量型和数组型。向量型LOOKUP函数的语法结构为：LOOKUP(lookup_value,lookup_vector,result_vector)。其中，参数lookup_value表示LOOKUP在第一个向量中搜索的值，可以是数字、文本、逻辑值、名称或引用；参数lookup_vector表示只包含一行或一列的区域，其值可以是文本、数字或逻辑值；参数result_vector表示只包含一行或一列的区域，它必须与lookup_vector大小相同。数组型LOOKUP函数的语法结构为：LOOKUP(lookup_value,array)。其中，参数lookup_value表示LOOKUP函数在数组中所要查找的数值，可以为数字、文本或逻辑值，也可以是数值的名称或引用；参数array表示包含文本或逻辑值的单元格区域，用来与lookup_value进行比较。

2．引用函数

下面将分别对各种引用函数进行介绍，帮助用户掌握查找函数的基础知识。

❯ ADDRESS函数：用于按照给定的行号和列标，建立文本类型的单元格地址。其语法结构为：ADDRESS(row_num,column_num,abs_num,a1,sheet_text)。其中，参数row_num表示在单元格引用中使用的行号；参数column_num表示在单元格引用中使用的列标；参数abs_num指定返回的引用类型；参数a1用于指定A1或R1C1引用样式的逻辑值；参数sheet_text表示一个文本，指定作为外部引用的工作表的名称，如果忽略该参数，则不使用任何工作表名。

❯ ROW函数：ROW函数用于返回引用的行号。其语法结构为：ROW(reference)。其中，参数reference表示要得到其行号的单元格或单元格区域。

❯ INDIRECT函数：INDIRECT函数用于返回由文本字符串指定的引用。其语法结构为：INDIRECT(ref_text,a1)。其中，参数ref_text表示单元格的引用，该引用可以包含A1样式的引用、R1C1样式的引用、定义为引用的名称或文本字符串单元格的引用；参数a1表示一个逻辑值，指明包含在单元格ref_text中的引用类型。如果a1为TRUE或省略，ref_text被解释为A1样式的引用，反之，ref_text被解释为R1C1样式的引用。

❯ OFFSET函数：OFFSET函数可以以指定的引用为参照系，通过给定的偏移量返回新的引用。返回的引用可以为一个单元格或单元格区域，并可以指定返回的行数或列数。其语法结构为：OFFSET(reference,rows,cols,height,width)。其中，参数reference表示作为偏移量参照系的引用区域，必须为对单元格或相连单元格区域的引用；参数rows表示相对于偏移量参照系左上角的单元格上(下)偏移的行数；参数cols表示相对于偏移量参照系左上角的单元格左(右)偏移的列数；参数height表示高度，即所要返回的引用区域的行数，必须为正数；参数width表示宽度，即所要返回的引用区域列数，必须为正数。

8.5.2 查找最佳成本方案

下面以在工作簿中查找最佳成本方案为例，介绍查找函数的应用方法。

【例8-9】创建【成本分析】工作簿，计算总成本和最佳成本，并使用MATCH函数查找最佳方案。

▶（视频+素材）(光盘素材\第08章\例8-9)

步骤 **01** 启动Excel 2013程序，新建一个名为"成本分析"的工作簿，在【Sheet1】工作表中创建数据。

步骤 **02** 选择C8单元格，在编辑栏中输入公式"=SUM(C5:C7)"，然后按Ctrl+Enter组合键，计算出1方案的总成本。

步骤 **03** 使用相对引用方式，复制公式至D8:F8单元格区域，计算出其他方案的总成本。

6	管理成本（元）	55000	50000	55000	50000
7	短缺成本（元）	40000	30000	20000	35000
8	总成本（元）	160000	159000	117500	136000
9	最佳成本（元）				

步骤 **04** 选中C9单元格，在编辑栏中输入公式"=MIN(C8:F8)"，按Ctrl+Enter组合键，即可计算出最佳成本数值。

步骤 **05** 选中C10单元格，打开【公式】选项卡，在【函数库】组中单击【查找和引用函数】按钮，从弹出的快捷菜单中选择【MATCH】命令。

步骤 **06** 打开【函数参数】对话框，在【Lookup_value】文本框中输入"C9"；在【Lookup_array】文本框中输入"C8:F8"；在【Match_type】文本框中输入"0"，然后单击【确定】按钮，即可查找出最佳现金持有方案。

8.5.3 转换引用数据

下面以在工作簿中转换引用列内容为例，介绍引用函数的应用方法。

【例8-10】创建【课程表转换】工作簿，将三列课程转换成单列（即转换到H列和G列），并忽略空值。

（视频+素材）(光盘素材\第08章\例8-10)

步骤 01 启动Excel 2013程序，新建一个名为"课程表转换"的工作簿，在【Sheet1】工作表中创建数据。

步骤 02 选中F2单元格，在编辑栏中输入数组公式：

=INDIRECT(TEXT(SMALL(IF($B$2:$D$6<>""，ROW($2:$6)*1000+1,1048576001),ROW(A1))，"r#c000"),)&""

按Shift+Ctrl+Enter组合键，返回公式的计算结果。

实战技巧

公式计算时，先将B2:D6单元格区域中非空单元格转换为各自的行号乘以1000加1，而将空白单元格转换成1048576001，组成一个数组。目的是将空白单元格排到后面，用SMALL函数取数时则先取非空行的行号。然后利用TEXT函数将数组中第一个数格式化成INDIRECT函数能够识别的R1C1样式，从而对A列的时间进行取值，加1表示只在第1列取值。另外，如果课程表中没有空值，将公式的IF函数中第一和第三个参数删除，即可返回正确结果。

步骤 03 选中G2单元格，在编辑栏中输入数组公式：

=INDIRECT(TEXT(SMALL(IF($B$2:$D$6<>""，ROW($2:$6)*1000+COLUMN(B:D),1048576001),ROW(A1))，"r#c000"),)&""

按Shift+Ctrl+Enter组合键，返回公式的计算结果。

步骤 04 选中F2单元格，使用相对应用方式填充公式至F3:F16单元格区域。

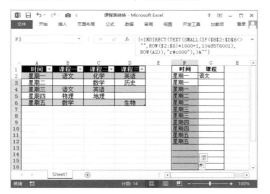

步骤 05 选中G2单元格，使用相对应用方式填充公式至G3:G16单元格区域。

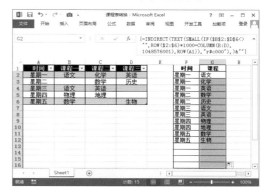

8.6 信息和工程函数

　　信息函数专门用于返回某些指定单元格或单元格区域的信息，如单元格内容、格式、个数或数据类型等。工程函数是指用于工程分析的工作表函数，主要用于进行复数计算、数字进制转换和工程分析。

8.6.1 信息和工程函数简介

　　下面分别对信息函数和工程函数进行介绍，帮助用户理解各函数的功能、语法结构及参数含义。

1. 信息函数

　　下面介绍几种常用信息函数。

　　◎ CELL函数：CELL函数用于返回某一引用区域在左上角单元格的格式、位置或内容等信息。其语法结构为：CELL(info_type,reference)。其中，参数info_type表示一个文本值，用于指定所需要的单元格的信息类型；参数reference表示要获取其相关信息的单元格。

　　◎ INFO函数：用于返回有关当前操作环境的信息，如当前目录或文件夹路径、可用的内存空间以及打开工作簿中活动工作表的数目等。其语法结构为：INFO(type_text)。其中，参数type_text表示文本值，用于指明需要返回的信息类型。

　　◎ ERROR.TYPE函数：用于返回对应于Excel中某一错误值的数字，如果没有错误则返回#N/A。其语法结构为：ERROR.TYPE(error_val)。其中，参数error_val表示需要得到其标号的一个错误值。

　　◎ ISBLANK函数：用于判断指定值是否为空值。其语法结构为：ISBLANK(value)。其中，参数value表示指定的内容，如果为空值，则返回TRUE，否则返回FALSE。

　　◎ ISODD函数：用于判断指定值是否为奇数。其语法结构为：ISODD(number)。其中，参数number表示指定的数值。如果number为奇数，返回TRUE，否则返回FALSE。如果该函数不可用，则返回错误值#NAME?。

　　◎ ISNA函数：用于判断指定值是否为错误值#N/A。其语法结构为：ISNA(value)。其中，参数value表示指定的内容。如果其值为错误值#N/A，则返回TRUE，否则返回FALSE。

　　◎ N函数：用于返回转化为数值后的值。其语法结构为：N(value)。其中，参数value表示需要转化的值。

　　◎ TYPE函数：用于返回数值的类型。其语法结构为：TYPE(value)。其中，参数

value表示任意数值，如数字、文本及逻辑值等。当某一函数的计算结果取决于特定单元格中数值的类型时，就可以使用TYPE函数。

2．工程函数

下面介绍几种常用的工程函数。

❥ BIN2DEC函数：BIN2DEC函数用于将二进制数转换为十进制数。其语法结构为：BIN2DEC(number)。其中，参数number表示要转换的二进制数，其位数不能多于10位(二进制位)，最高位为符号位，后9位为数字位，负数用二进制补码表示。

❥ DEC2BIN函数：DEC2BIN函数用于将十进制数转换为二进制数。其语法结构为：DEC2BIN(number,places)。其中，参数number表示要转换的十进制数，其取值范围为-512~511；参数places表示要使用的字符数，该参数被省略时，函数用能表示此数的最少字符来表示。

❥ DEC2HEX函数：DEC2HEX函数用于将十进制数转换为十六进制数。其语法结构为：DEC2HEX(number,places)。其中，参数number表示要转换的十进制数；参数places表示要使用的字符数，当该参数被省略时，函数使用能表示此数的最少字符来表示。

❥ DEC2OCT函数：DEC2OCT函数用于将十进制数转换为八进制数。其语法结构为：DEC2OCT(number,places)。其中，参数number表示要转换的十进制数；参数places表示要使用的字符数，当该参数被省略时，函数使用能表示此数的最少字符来表示。

❥ ERF函数：ERF函数用于返回误差函数在上下限之间的积分。其语法结构为：ERF(lower_limit,upper_limit)。其中，参数lower_limit表示ERF函数的积分下限；参数upper_limit表示ERF函数的积分上限，如果省略参数upper_limit，ERF将在0到下限之间进行积分。

❥ CONVERT函数：CONVERT函数用于将数值在两个指定度量系统之间进行转换。其语法结构为：CONVERT(number,from_unit,to_unit)。其中，参数number表示以from_unit为单元的需要进行转换的数值；参数from_unit表示数值的number单位；参数to_unit表示结果的单位。

❥ ERFC函数：ERFC函数用于返回从x到∞(无穷)积分的ERF函数的补余误差的函数。其语法结构为：ERFC(x)。其中，参数x为ERF函数的积分下限。

8.6.2　检测奇偶数据

以ISODD函数检测车牌号码的奇偶性为例，介绍信息函数的应用方法。

- -

【例8-11】创建【车牌号码检测】工作簿，使用ISODD函数检测车牌号码的奇偶性。

（视频+素材）(光盘素材\第08章\例8-11)

步骤 **01** 启动Excel 2013程序，新建一个名为"车牌号码检测"的工作簿，并在【Sheet1】工作表中创建数据。

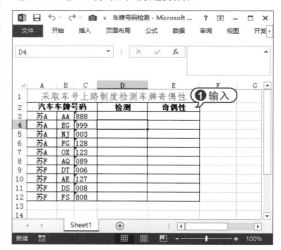

步骤 **02** 选中D3单元格，打开【公式】选项卡，在【函数库】中单击【插入函数】按钮，打开【插入函数】对话框。在【或选择类别】下拉列表框中选择【信息】选项；在【选择函数】列表框中选择ISODD

函数，然后单击【确定】按钮。

步骤 03 打开【函数参数】对话框，在【Number】文本框内输入"C3"，然后单击【确定】按钮。

步骤 04 此时，在D3单元格中显示返回的检测结果，并在编辑栏中显示运算公式"=ISODD(C3)"。

步骤 05 使用相对引用方式，复制公式到D4:D12单元格区域，系统自动显示检测结果。

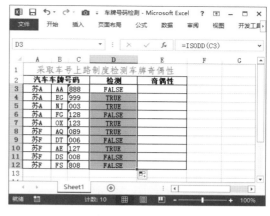

步骤 06 选中E3单元格，在编辑栏中输入公式"=IF(ISODD(C3), "奇数","偶数")"。

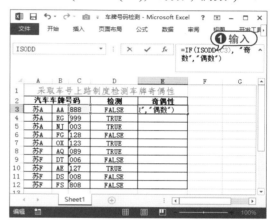

步骤 07 按Ctrl+Enter组合键，判断车牌号"苏AAA888"的奇偶性。

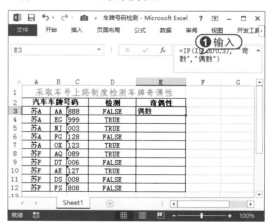

步骤 08 使用相对引用方式，复制公式到E4:E12单元格区域，检测出其他车牌号码的奇偶性。给定车牌号是奇数，函数返回TRUE，

并显示结果为奇数；给定车牌号是偶数，则函数返回FALSE，并显示结果为偶数。

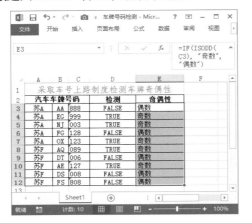

8.6.3 转换十进制数

下面将以函数DEC2BIN、DEC2HEX、DEC2OCT转换十进制数为例，介绍工程函数的应用方法。

【例8-12】创建【进制转换对照表】工作簿，使用DEC2BIN、DEC2HEX、DEC2OCT函数转换十进制数。

（视频+素材）(光盘素材\第08章\例8-12)

步骤 01 启动Excel 2013程序，新建一个名为"进制转换对照表"的工作簿，并在【Sheet1】工作表中创建数据。

步骤 02 选中B4单元格，打开【公式】选项卡，在【函数库】组中单击【其他函数】按钮，从弹出的菜单中选择【工程】|【DEC2BIN】命令。

步骤 03 打开【函数参数】对话框，在【Number】文本框内输入"A4"，然后单击【确定】按钮。

步骤 04 此时，即可将A4单元格中的十进制数转换为二进制数。

步骤 05 使用相对引用方式，复制公式到B5:B14单元格区域。

步骤 **06** 选中C4单元格，在编辑栏中输入公式"= DEC2OCT(A4)"。按Ctrl+Enter组合键，即可将A4单元格中的十进制数转换为八进制数.

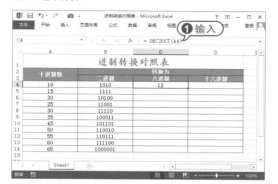

步骤 **07** 使用相对引用方式，将公式复制到C5:C14单元格区域。

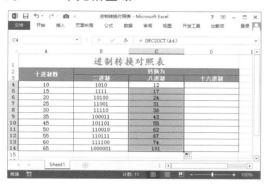

步骤 **08** 选中D4单元格，在其中输入公式"=DEC2HEX(A4)"，按Ctrl+Enter组合键，即可将A4单元格中的十进制数转换为十六进制数。

步骤 **09** 使用相对引用方式，复制公式到D5:D14单元格区域。

8.7 实战演练

本章的实战演练部分为计算企业投资收益和根据姓名查找信息两个综合实例操作，用户通过练习从而巩固本章所学的知识。

8.7.1 计算企业投资收益

新建工作簿，使用财务函数计算企业投资收益。

【例8-13】在【企业投资收益】工作簿中使用财务函数计算投资项目的内部收益率。

▶ (视频+素材)(光盘素材\第08章\例8-13)

步骤 **01** 启动Excel 2013程序，创建一个名为【企业投资收益】的工作簿，在【Sheet1】工作表中输入计算企业投资收益率的相关表格数据。

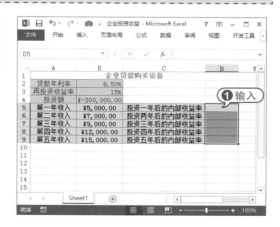

步骤 **02** 选中D5单元格，打开【公式】选

项卡，在【函数库】组中单击【财务】按钮，从弹出的快捷菜单中选择【MIRR】命令。

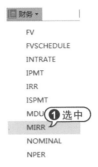

步骤 03 打开【函数参数】对话框，在【Values】文本框中输入"B4:B5"；在【Finance_rate】文本框中输入"B2"；在【Reinvest_rate】文本框中输入"B3"，然后单击【确定】按钮，计算投资一年后的内部收益率。

步骤 04 计算投资一年后的内部收益率为"-98%"。

步骤 05 选中D6单元格，在其中输入公式"=MIRR(B4:B6,B2,B3)"。按Ctrl+Enter组合键，即可计算出投资两年后的内部收益率。

步骤 06 选中D7单元格，在编辑栏中输入公式"=MIRR(B4:B7,B2,B3)"，按Ctrl+Enter组合键，即可计算出投资三年后的内部收益率。

步骤 07 选中D8单元格，在编辑栏中输入公式"=MIRR(B4:B8,B2,B3)"，按Ctrl+Enter组合键，即可计算出投资四年后的内部收益率。

步骤 08 选中D9单元格，在编辑栏中输入公式"=MIRR(B4:B9,B2,B3)"，按

Ctrl+Enter组合键，即可计算出投资五年后的内部收益率。

8.7.2 根据姓名查找信息

新建工作簿，使用查找函数根据姓名查找成绩信息。

【例8-14】在【成绩查询表】工作簿中，使用查找函数根据姓名查找成绩信息。

（视频+素材）(光盘素材\第08章\例8-14)

步骤 01 启动Excel 2013程序，创建一个名为【成绩查询表】的工作簿，在【Sheet1】工作表中输入相关表格数据。

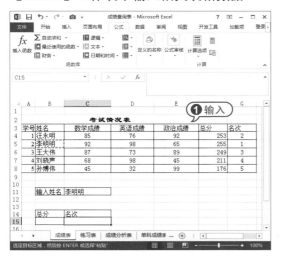

步骤 02 选中B15单元格，单击编辑栏左侧的【插入函数】按钮 *fx*，打开【插入函数】对话框。在【插入函数】的【或选择类别】下拉列表框中选择【查找与引用】选项，在【选择函数】列表框中选择【HLOOKUP】

选项，然后单击【确定】按钮。

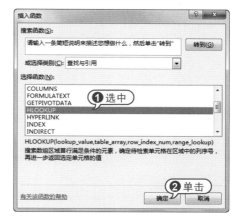

步骤 03 在打开的【函数参数】对话框中对函数参数进行设置，然后单击【确定】按钮。

步骤 04 选中C15单元格，然后在编辑栏中输入公式：=HLOOKUP(G3,B3:G8,MATCH(C11,B3:B8,0),FALSE)。按下Enter键后，在C11单元格中输入学生的姓名，即可在B15和C15单元格中显示该学生的总分和名次。

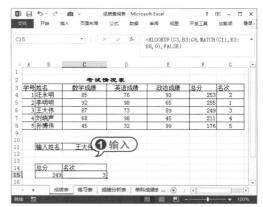

专家答疑

>> 问：如何使用TEXT函数将数值转化为货币型的文本？

答：在工作表中A1:A8单元格区域中输入要转换的数值，然后在B1单元格中输入公式"=TEXT(A1,"￥.00")"，然后按Enter键，即可在B1单元格中显示货币型数据。然后选中B1单元格，并将光标移至该单元格右下角，当光标变为实心十字形时，按住鼠标左键向下拖至B8单元格，释放鼠标，即可在B2:B8单元格区域中填充公式，显示转换后的货币型文本。

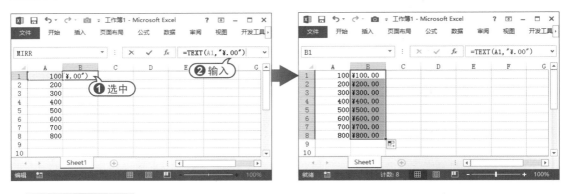

读书笔记

第9章

表格数据分析技巧

在计算机办公过程中，常常需要很多工具软件和硬件外部设备加以辅助，例如，压缩软件、看图软件、电子阅读软件等，使用打印机等设备。本章将介绍这些常用办公软件和外部设备的使用方法。

9.1 认识数据分析

数据分析在建立复杂统计或工程分析时非常有用。因此，在实际工作和生活中，需要灵活地掌握并使用它。在进行数据分析前，用户首先需要了解其概念和分析工具的加载方法。

9.1.1 数据分析的概念

数据分析的目的是把隐没在一大批看似杂乱无章的数据中的信息集中、萃取和提炼出来，以找出所研究对象的内在规律。在实际应用中，数据分析可帮助人们做出判断，以便采取适当的行动。数据分析是组织有目的地收集数据、分析数据，将大量数据整理为信息的过程。

通俗地讲，数据分析就是使用分析工具对提供的数据和参数进行统计和分析。

分析工具通过适当的统计和工程宏函数，可在输出表格中显示相应的结果，其中有些工具在生成输出表格时还能同时生成图表。

Excel 2013提供了数据分析工具，即分析工具库，用户使用该工具库可以方便地进行数据统计和工程分析。

9.1.2 加载分析工具库

分析工具库是安装Office或Excel时可选的Excel加载项程序。如果在【数据】选项卡中未显示【分析】组，也未显示【数据分析】按钮，则说明Excel还未加载分析工具库。要使用分析工具库，首先需要在Excel中加载该库。

【例9-1】在Excel 2013程序中加载分析工具库。

（视频）

步骤 01 启动Excel 2013应用程序，打开一个空白工作簿，打开【数据】选项卡，查看是否显示【分析】组和【数据分析】按钮。如果没有显示以上两项就单击【文件】按钮，从弹出的【文件】菜单中选择【选项】命令。

步骤 02 打开【Excel选项】对话框，打开【加载项】选项卡，在【管理】下拉列表框中选择【Excel加载项】选项，然后单击【转到】按钮。

实战技巧

在【Excel选项】对话框的【加载项】选项卡中可以查看是否加载了分析工具库，如果加载了分析工具库则将在【加载项】列表框中的【活动应用程序加载项】选项区域中显示。如果未加载，则分析工具库将显示在【加载项】列表框的【非活动应用程序加载项】选项区域中。

步骤 03 打开【加载宏】对话框，在【可用加载宏】列表框中选中【分析工具库】复选框，然后单击【确定】按钮。

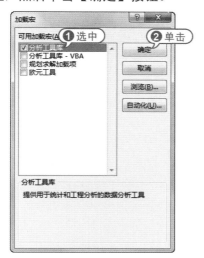

实战技巧

如果【加载宏】对话框的【可用加载宏】列表框中没有【分析工具库】选项，可以单击该对话框中的【浏览】按钮，进行查找。如果出现"计算机上没有安装分析工具库"等提示信息，则可单击【是】按钮进行安装。

步骤 04 返回工作簿中，此时，在【数据】选项卡中添加了【分析】组，并显示【数据分析】按钮。

9.2 统计分析

统计分析是以概率论为理论基础，根据实验或观察得到的数据，来研究随机现象。本节将介绍使用Excel的分析工具进行各种统计分析。

9.2.1 描述统计

描述统计分析用于生成数据源区域中数据的单变量统计分析报表，分析报表可以提供有关数据趋中性和易变性的信息。下面将以具体实例介绍进行描述统计分析的方法。

【例9-2】创建【销售报表】工作簿，在其中进行描述统计分析。

(视频+素材) (光盘素材\第9章\例9-2)

步骤 01 启动Excel 2013应用程序，新建一个名为"销售报表"的工作簿，并在【Sheet1】工作表中创建数据。打开【数据】选项卡，在【分析】组中单击【数据分析】按钮。

步骤 02 打开【数据分析】对话框，在【分析工具】列表框中选择【描述统计】选项，然后单击【确定】按钮。

步骤 03 打开【描述统计】对话框，设置输入区域和输出区域，选中【逐列】单选按钮，并选中所有其他复选框，然后单击【确定】按钮。

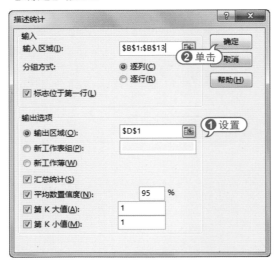

步骤 04 返回工作簿，即可查看描述统计的数据结果。

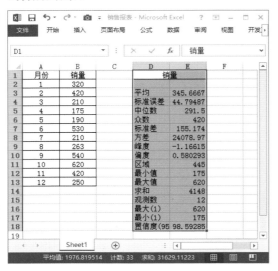

9.2.2 直方图

直方图可以计算数据单元格区域和数据接收区间的单个和累积频率。该工具可用于统计数据集中某个数值出现的次数。下面将以具体实例介绍进行直方图分析的方法。

【例9-3】创建【学生成绩统计】工作簿，在其中进行直方图分析。

(视频+素材) (光盘素材\第9章\例9-3)

步骤 01 启动Excel 2013应用程序，新建一个名为"学生成绩统计"的工作簿，并在【Sheet1】工作表中创建数据。

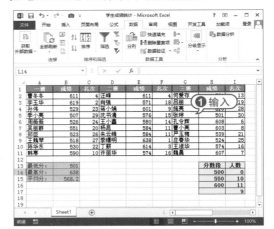

步骤 02 打开【数据】选项卡，在【分析】组中单击【数据分析】按钮，打开【数据分析】对话框，在【分析工具】列表框中选择【直方图】选项，然后单击【确定】按钮。

步骤 03 打开【直方图】对话框，分别设置【输入区域】、【接收区域】和【输出区域】，选中【标志】复选框，并选中所有其他复选框，然后单击【确定】按钮。

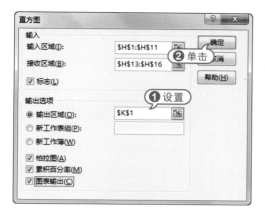

步骤 04 返回工作簿，即可查看经过直方图分析后的数据结果。

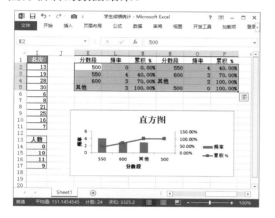

9.2.3　t-检验

t-检验分析工具基于每个样本总体平均值是否相等。其中可以使用不同的假设：样本总体方差相等、样本总体方差不相等和成对双样本平均值。下面分别进行介绍。

❷ t-检验 平均值的成对二样本分析：当样本中存在自然配对的观察值时(如对一个样本组在实验前后进行了两次检验)，可以使用此成对检验。该分析工具及其公式可以进行成对双样本学生t-检验，以确定取自处理前后的观察值是否来自具有相同总体平均值的分布。此t-检验窗体并未假设两个总体的方差是相等的。

❷ t-检验 双样本等方差假设：该分析工具可以进行双样本学生t-检验，此t-检验窗体先假设两个数据集取自具有相同方差

的分布，故也称作同方差t-检验。可以使用此t-检验来确定两个样本是否来自具有相同总体平均值的分布。

❷ t-检验 双样本异方差假设：该分析工具可以进行双样本学生t-检验，此t-检验窗体先假设两个数据集取自具有不同方差的分布，故也称作异方差t-检验。如同等方差情况，使用此t-检验来确定两个样本是否来自具有不同总体平均值的分布。当两个样本中存在截然不同的对象时，可使用此检验。当对于每个对象具有唯一一组对象及代表每个对象在处理前后的测量值的两个样本时，则应该使用成对检验。

下面将以具体实例介绍进行t-检验分析的方法。

【例9-4】创建【学生考试成绩】工作簿，在其中进行t-检验分析。

(视频+素材)(光盘素材\第9章\例9-4)

步骤 01 启动Excel 2013应用程序，新建一个名为"学生考试成绩"的工作簿，并在【Sheet1】工作表中创建数据。

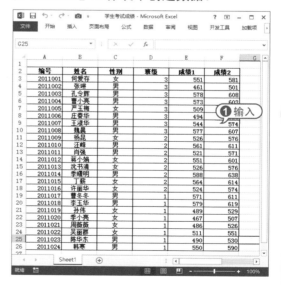

步骤 02 打开【数据】选项卡，在【分析】组中单击【数据分析】按钮，打开【数据分析】对话框，在【分析工具】列表框中选择【t-检验：平均值的成对二样本

分析】选项，然后单击【确定】按钮。

步骤 03 打开【t-检验：平均值的成对二样本分析】对话框，用户根据需要在其中设置相关选项，然后单击【确定】按钮。

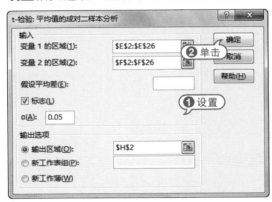

步骤 04 返回工作簿，即可查看进行t-检验：平均值的成对二样本分析后的数据结果。

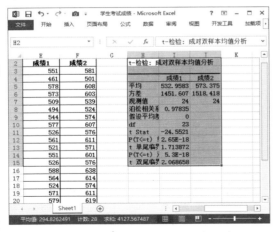

步骤 05 使用同样的方法，打开【数据分析】对话框，在【分析工具】列表框中选择【t-检验：双样本等方差假设】选项，然后单击【确定】按钮。

步骤 06 打开【t-检验：双样本等方差假设】对话框，根据需要设置相关选项，然后单击【确定】按钮。

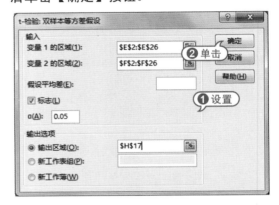

步骤 07 返回工作簿，即可查看进行t-检验：双样本等方差假设分析后的数据结果。

⚙ **实战技巧**

使用同样的方法，还可以进行t-检验：双样本异方差假设分析。

9.3 方差分析

在科学实验和生产实践中，影响进程的因素有很多，方差分析就是鉴别各因素效应的一种有效分析方法，主要分为单因素、可重复双因素和无重复双因素3种类型。

9.3.1 单因素方差分析

单因素方差分析可以对两个或多个样本的数据执行简单的方差分析。此分析可提供一种假设测试，即假设每个样本都取自相同基础几率分布，而不是对多个样本来说基础概率分布都不相同。如果只有两个样本，则可使用工作表函数TTEST；如果有两个以上样本，则可以调用【单因素方差分析】模型。下面以具体实例介绍进行单因素方差分析的方法。

【例9-5】创建【农作物产量分析】工作簿，使用单因素方差分析工具根据甲、乙、丙、丁4种农作物在6块试验田中的产量检测功效。

视频+素材 (光盘素材\第9章\例9-5)

步骤 01 启动Excel 2013应用程序，新建一个名为"农作物产量分析"的工作簿，并在【Sheet1】工作表中创建数据。

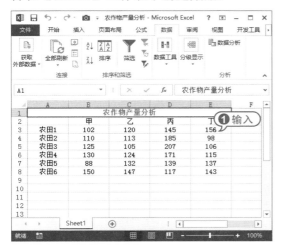

步骤 02 打开【数据】选项卡，在【分析】组中单击【数据分析】按钮，打开【数据分析】对话框，在【分析工具】列表框中选择【方差分析：单因素方差分析】选项，然后单击【确定】按钮。

步骤 03 打开【方差分析：单因素方差分析】对话框，在【输入区域】文本框中输入 $B$3:$E$8，在【α】文本框中输入0.01，然后选中【输出区域】单选按钮，并在其后的文本框中输入$B$10，最后单击【确定】按钮。

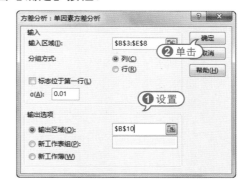

步骤 04 此时，将在工作表中显示方差分析结果。

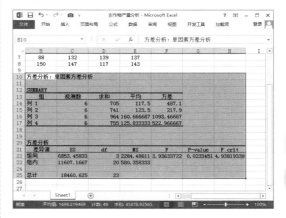

步骤 05 在B27单元格中输入文本"检

测结果"，然后选中C27单元格，在其中输入公式"=IF(G22<0.01,"4种农作物功效相等","4种农作物功效不相等")"，按Ctrl+Enter组合键，即可根据方差分析的结果得到检验结果。

9.3.2　可重复双因素分析

可重复双因素分析用于当数据按照二维进行分类时的情况。例如，在测量植物高度的实验中，植物可能实验不同品牌的化肥(如A、B和C)，并且可能置于不同的温度环境中(如高和低)。对于这6种可能的组合{化肥，温度}，如果有相同的数量的植物高度观察值，此时便可使用此方差分析工具对数据进行分析。

【例9-6】创建【植物高度分析】工作簿，使用可重复双因素分析工具测试不同温度的环境和化肥培植下植物的高度(注意每种化肥和每种温度统计两次)。

视频+素材 (光盘素材\第9章\例9-6)

步骤01 启动Excel 2013程序，新建一个名为"植物高度分析"的工作簿，并在【Sheet1】工作表中创建数据。

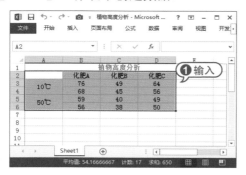

步骤02 打开【数据】选项卡，在【分析】组中单击【数据分析】按钮，打开【数据分析】对话框。在【分析工具】列表框中选择【方差分析：可重复双因素分析】选项，然后单击【确定】按钮。

步骤03 打开【方差分析：可重复双因素分析】对话框，设置输入区域和输出区域，在【每一样本行数】文本框中输入2，在【α】文本框中输入0.05，然后单击【确定】按钮。

步骤04 此时，将在工作表中显示可重复双因素分析结果。

步骤05 在快速访问工具栏中单击【保存】按钮，保存【植物高度分析】工作簿。

9.3.3 无重复双因素分析

无重复双因素分析工具可用于当数据像可重复双因素那样按照两个不同的维度进行分类时的情况。下面以实例介绍无重复双因素分析的方法。

【例9-7】在【植物高度分析】工作簿中进行无重复双因素分析。

(视频+素材) (光盘素材\第9章\例9-7)

步骤01 启动Excel 2013程序，打开【植物高度分析】工作簿的【Sheet1】工作表。

步骤02 打开【数据】选项卡，在【分析】组中单击【数据分析】按钮，打开【数据分析】对话框。在【分析工具】列表框中选择【方差分析：无重复双因素分析】选项，然后单击【确定】按钮。

步骤03 打开【方差分析：无重复双因

素分析】对话框，设置输入区域和输出区域，在【α】文本框中输入0.05，然后单击【确定】按钮，即可查看分析的结果。

步骤04 此时，将在工作表中显示无重复双因素分析结果。

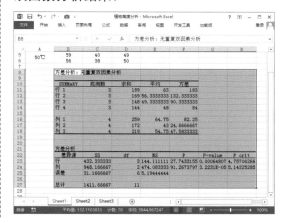

9.4 预测分析

预测是以准确的调查统计资料和统计数据为依据，从研究现象的历史、现状和规律性出发，运用科学的方法对研究现象的未来发展前景的测定，在Excel分析工具库中主要有移动平均、指数平滑和回归分析几种预测方法。

9.4.1 移动平均

移动平均可以对一系列变化的数据按照指定的数据一次求取平均，并以此作为数据变化的趋势供分析参考。使用该分析工具可以预测销售量、库存货及其他趋势。下面将以具体实例介绍进行移动平均分析的方法。

【例9-8】在【销售报表】工作簿中进行移动平均分析。

(视频) (光盘素材\第9章\例9-8)

步骤01 启动Excel 2013程序，打开【销售报表】工作簿的【Sheet1】工作表。

步骤02 打开【数据】选项卡，在【分析】组中单击【数据分析】按钮，打开【数据分析】对话框。在【分析工具】列表框中选择【移动平均】选项，然后单击

【确定】按钮。

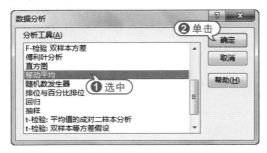

步骤 03 打开【移动平均】对话框，设置【输入区域】和【输出区域】，分别选中【标志位于第一行】、【图表输出】和【标准误差】复选框，然后单击【确定】按钮。

实战技巧

在【间隔】文本框中可以输入需要在移动平均计算中包含的数值个数，系统默认间隔为3。

步骤 04 返回工作簿，即可查看进行移动平均分析后的数据结果。

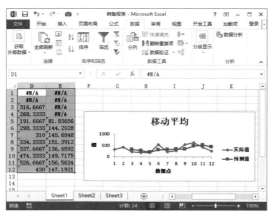

9.4.2 指数平滑

指数平滑可以根据前期预测值导出相应的新预测值，并修正前期预测值的误差。该分析工具将使用平滑常数a，其大小决定了本次预测对前期预测误差的修正程度。

知识点滴

在0.2~0.3之间的数值是合理的平滑常数，这些数值表明本次预测应将前期预测值的误差调整至20%~30%。常数越大响应越快，但预测越不稳定。常数较小将导致预测值长期地延迟。

【例9-9】在【销售报表】工作簿中进行指数平滑分析。

视频 (光盘素材\第9章\例9-9)

步骤 01 启动Excel 2013程序，打开【销售报表】工作簿的【Sheet1】工作表。

步骤 02 打开【数据】选项卡，在【分析】组中单击【数据分析】按钮，打开【数据分析】对话框。在【分析工具】列表框中选择【指数平滑】选项，然后单击【确定】按钮。

步骤 03 打开【指数平滑】对话框，设置输入区域和输出区域，并分别选中【图表输出】和【标准误差】复选框，然后单击【确定】按钮。

实战技巧

阻尼系数是用来将总体中数据的不稳定性最小化的修正因子，默认阻尼系数为0.3。在0.2~0.3之间的数值均为合理的平滑常数。

步骤 04 返回工作簿，即可查看指数平滑的数据结果。

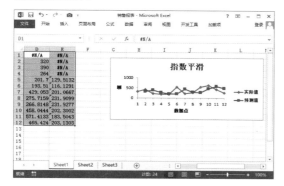

9.4.3 回归分析

回归分析通过对一组观察值使用"最小二乘法"直线拟合来进行线性回归分析。它可以用来分析单个因素变量如何受一个或几个自变量影响。下面将以具体实例介绍进行回归分析的方法。

【例9-10】创建"田径运动员成绩预测"工作簿，使用回归分析工具根据年龄、身高和体重3因素来对运动员的成绩进行预测分析。

(视频)(光盘素材\第9章\例9-10)

步骤 01 启动Excel 2013程序，新建一个名为"田径运动员成绩预测"的工作簿，并在【Sheet1】工作表中创建数据。

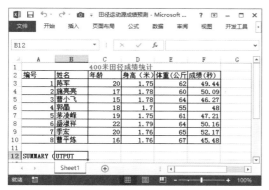

步骤 02 打开【数据】选项卡，在【分析】组中单击【数据分析】按钮，打开【数据分析】对话框。在【分析工具】列表框中选择【回归】选项，然后单击【确定】按钮。

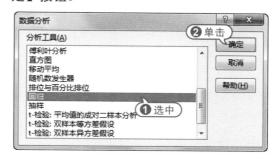

步骤 03 打开【回归】对话框，根据需要设置相关选项，然后单击【确定】按钮。

步骤 04 返回工作簿，即可查看进行回归分析后的数据结果，包括各种输出表和图表。

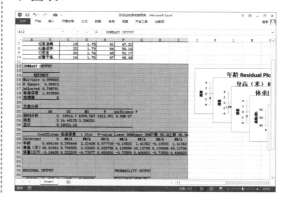

9.5 模拟分析

模拟分析,又称假设分析。它主要基于现有的计算模型,在影响最终结果的诸多因素中进行测算和分析,使用模拟分析可以运行模拟运算表功能,计算简单的方程式。

9.5.1 单变量模拟运算表

根据工作表行数和列数的格式模拟运算表,可分为单变量和多变量模拟运算表。

单变量模拟运算表在计算中只有一个行数或列数的变量,随着该变量的不断变化可生成不同的运算结果。

【例9-11】单变量波动估算月交易额。

📹视频 (光盘素材\第9章\例9-11)

步骤 01 打开【交易量波动估算】工作簿,在B8单元格中输入公式:"=B6*B5*B2"。

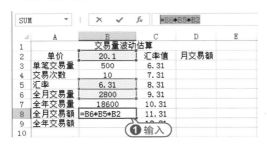

步骤 02 选中B9单元格,输入公式:"=B7*B5*B2"。

步骤 03 在D3单元格中输入公式:"=B8"。

步骤 04 选中C3:D9单元格区域,选择【数据】选项卡,在【数据工具】组中单击【模拟分析】按钮,在弹出的下拉列表中选择【模拟运算表】选项。

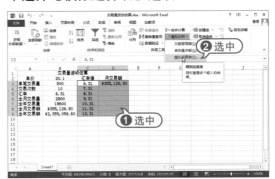

步骤 05 在打开的【模拟运算表】对话框中单击【输入引用列的单元格】文本框后的按钮。

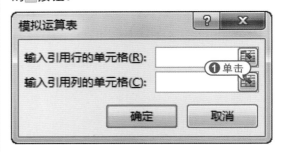

步骤 06 选中B5单元格,然后按下Enter键。

步骤 07 返回【模拟运算表】对话框后,单击【确定】按钮,即可在工作表中查看使用单变量模拟运算表功能计算的结构。

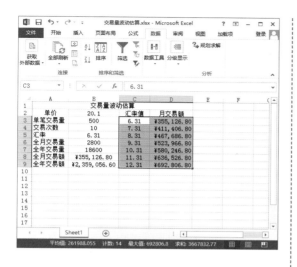

9.5.2 双变量模拟运算表

双变量指的是有两个不确定的量，使用双变量模拟运算表功能可以在变量不确定的情况下预测估算出相应的数额。

【例9-12】双变量波动估算月交易额。

视频 (光盘素材\第9章\例9-12)

◀------------------------------------

步骤 01 打开【交易量波动估算】工作簿后，选中A16单元格。

步骤 02 在编辑栏中输入公式："=C13"然后按下Enter键，结果如下图所示。

步骤 03 选中A16:D25单元格区域，然后选择【数据】选项卡，在【数据工具】组中单击【模拟分析】下拉列表按钮，在弹出的下拉列表中选择【模拟运算表】选项。

步骤 04 在打开的【模拟运算表】对话框中单击【输入引用行的单元格】文本框后的按钮。

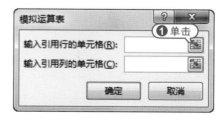

步骤 05 选中B6单元格，然后按下Enter键。

步骤 06 返回【模拟运算表】对话框后，单击【输入引用列的单元格】文本框后的■按钮。

步骤 07 选中B5单元格，然后按下Enter键。

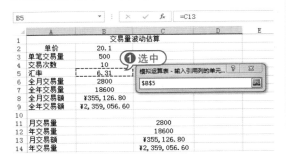

步骤 08 返回【模拟运算表】对话框后，单击【确定】按钮，即可查看使用双变量模拟运算表功能计算的结果。

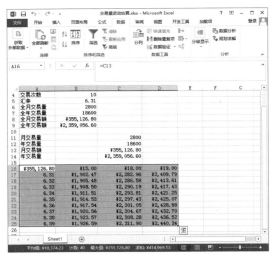

9.5.3 计算方程式

使用模拟分析还可以计算表格中的一元一次或多元一次方程。

1. 解一元一次方程

一元一次方程实际上就是计算出等式

中的一个变量值，使等式两边的值相等。

【例9-13】 在工作表中根据预计调查的时间，使用一元一次方程求出D3单元格中项目参与者的平均工作量。

视频 (光盘素材\第9章\例9-13)

步骤 01 在Excel 2013中打开【开发进度表】工作表后，选中E3单元格。

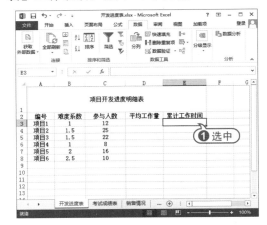

步骤 02 在编辑栏中输入以下公式："=B3*C3*D3"，按下Ctrl+Enter组合键后，由于存在变量，系统将在E3单元格中显示结果0。

步骤 03 选择【数据】选项卡，在【数据工具】组中单击【模拟分析】按钮，然后在弹出的下拉列表中选择【单变量求解】选项。

步骤 04 在打开的【单变量求解】对话框

中的【目标值】文本框中输入参数600，并单击【可变单元格】文本框后的 按钮。

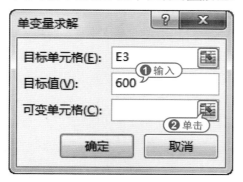

步骤 05 选中D3单元格后，按下Enter键，返回【单变量求解】对话框。

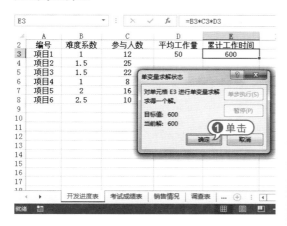

步骤 06 在【单变量求解】对话框中单击【确定】按钮，即可在打开的【单变量求解状态】对话框中显示当前目标值与其对应的求解值。

2．解多元一次方程

多元一次方程是在一元一次方程的基础上发展起来的，所以二者的计算过程基本相似。但在计算多元一次方程时，需要加载数据的规划求解功能。

【例9-14】在工作表中利用二元一次方程计算公式中x、y的值。

(视频)(光盘素材\第9章\例9-14)

步骤 01 在Excel 2013中打开【二元一次方程求解】工作簿后，单击【文件】按钮，在打开的界面中选择【选项】选项。

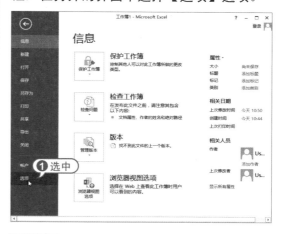

步骤 02 在打开的【Excel选项】对话框中，选择【加载项】选项，然后在打开的选项区域中单击【转到】按钮。

步骤 03 在打开的【加载宏】对话框中选中【规划求解加载项】复选框，并单击【确定】按钮。

步骤 04 返回工作表后，选中B8单元格，然后在编辑栏中输入以下公式："=G11*$B$11+G12*$C$11"。

步骤 05 按下Ctrl+Enter组合键，选中B9单元格，然后在编辑栏中输入以下公式："=G11*$B$12+G12*$C$12"。

步骤 06 按下Ctrl+Enter组合键，选中B8单元格，然后选择【数据】选项卡，在【分析】组中单击【规划求解】按钮。

步骤 07 在打开的【规划求解参数】对话框的【设置目标】文本框中输入"$B$8"，单击【目标值】单选按钮，并在其后的文本框中输入参数24。在【通过更改可变单元格】文本框中输入"$G$11:$G$12"，然后单击【添加】按钮。

步骤 08 在打开的【添加约束】对话框的【单元格引用】文本框中输入"$B$9"，在其后的下拉列表中选择【=】选项，在【约束】文本框中输入参数12，然后单击【确定】按钮。

> **实战技巧**
>
> 　　求解多元一次方程时，在单元格中输入公式的运算符都是加法，不会随着方程中运算符的变化而变化。在引用方程系数时，最好使用绝对引用，这样可以减少出错的概率。

步骤 09 返回【规划求解参数】对话框后，在该对话框中单击【求解】按钮，然后在打开的【规划求解结果】对话框中选择【保留规划求解的解】单选按钮，并单击【确定】按钮。

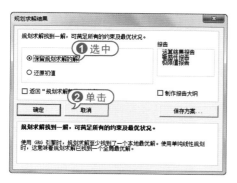

步骤 10 此时，返回工作表即可查看结

果，效果如下图所示。

9.6 实战演练

本章的实战演练部分为制作调查销售量分析表这个综合实例操作，用户通过练习从而巩固本章所学知识。

新建工作簿，制作调查销售量分析表，使用分析工具在其中进行抽样和描述统计分析。

【例9-15】创建【调查销售量分析】工作簿，在其中进行抽样和描述统计分析。

视频 (光盘素材\第9章\例9-15)

步骤 01 启动Excel 2013程序，新建一个名为"调查销售量分析"的工作簿，并在【Sheet1】工作表中创建数据。

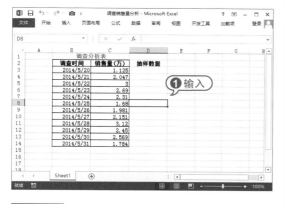

步骤 02 打开【数据】选项卡，在【分析】组中单击【数据分析】按钮，打开【数据分析】对话框。在【分析工具】列表框中选择【抽样】选项，然后单击【确定】按钮。

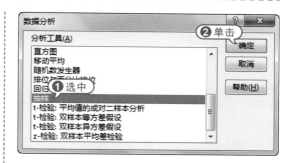

步骤 03 打开【抽样】对话框，分别设置【输入区域】和【输出区域】，在【样本数】文本框中输入7，然后单击【确定】按钮。

步骤 04 返回工作簿，此时，可以查看进行抽样出的7个样本数据。

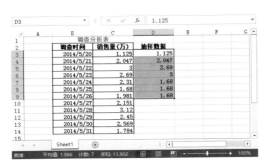

步骤 05 使用同样的方法，打开【数据分析】对话框，在【分析工具】列表框中选择【描述统计】选项，然后单击【确定】按钮。

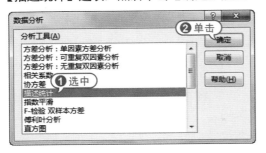

步骤 06 打开【描述统计】对话框，在【输入区域】中选取抽出的7个数据所在的单元格区域，选中所有的复选框，在【输出区域】中选取输出的位置，然后单击【确定】按钮。

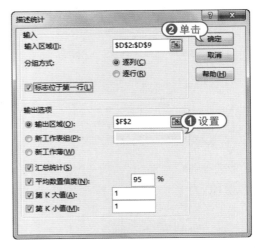

步骤 07 返回工作簿，此时，可以查看进行描述统计分析后的数据结果。

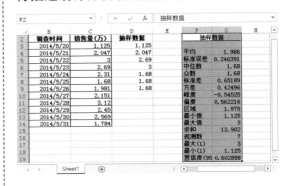

专家答疑

》 问：如何使用傅里叶分析数据？

答：傅里叶分析可以解决线性系统问题，并能通过快速傅里叶变换(FFT)进行数据变换来分析周期性的数据。该工具支持逆变换，即通过对变换后的数据的逆变换返回初始数据。在要分析数据的工作表中打开【数据】选项卡，在【分析】组中单击【数据分析】按钮，打开【数据分析】对话框。在【分析工具】列表框中选择【傅里叶分析】选项，然后单击【确定】按钮，打开【傅里叶分析】对话框。在其中设置输入区域和输出区域，选中【逆变换】复选框，然后单击【确定】按钮，即可在工作表中显示分析后的数据。

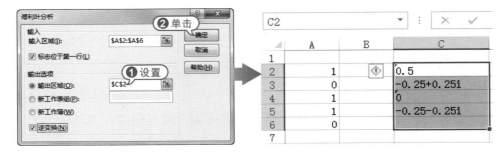

第10章

表格打印和网络应用

Excel 2013提供的打印功能可以对制作好的电子表格进行打印设置，美化打印效果。同时，用户还可以在局域网和Internet上共享和发布工作簿。本章主要介绍电子表格中打印和网络功能的应用技巧。

10.1 打印表格常用技巧

在打印工作表之前，可根据要求进行一些打印设置，如设置打印区域、添加分页符、预览打印效果等。利用这些功能可以使工作表打印的效果能够更加令人满意。

10.1.1 预览打印效果

Excel 2013提供了打印预览功能，用户可以通过该功能查看打印效果。

用户可以随时预览工作表的打印预览效果，单击【文件】按钮，在弹出的菜单中选择【打印】命令，进入Microsoft Office Backstage 视图，在最右侧的窗格中可以查看工作表的打印效果。

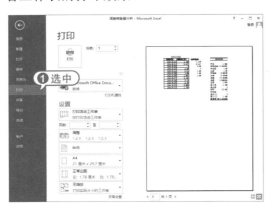

如果是多页表格，可以单击窗格左下角的页面按钮，左右选择页数预览。

单击右下角的【缩放到页面】按钮，可以将原始页面放入预览窗格，单击旁边的

【显示边距】按钮可以显示默认页边距。

【例10-1】在【员工销售业绩表】工作簿中，设置页面并进行打印预览。

视频+素材 (光盘素材\第10章\例10-1)

步骤 01 启动Excel 2013程序，打开 【员工销售业绩表】工作簿的【年度员工销售业绩汇总】工作表。

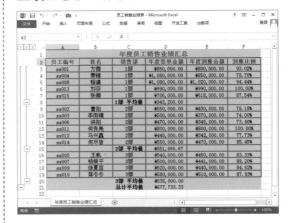

步骤 02 单击【文件】按钮，在弹出的菜单中选择【打印】命令，进入Microsoft Office Backstage 视图。

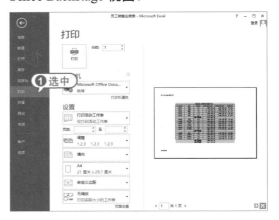

步骤 03 在【页面设置】组中单击【纸张方向】下拉按钮，从弹出的下拉菜单中选择【横向】命令。

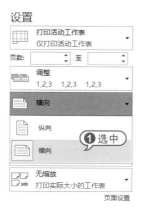

步骤 04 单击【页面设置】链接，打开【页面设置】对话框，打开【页边距】选项卡，设置上下边距、左右边距和页眉页脚边距，然后分别选中【水平】和【垂直】复选框。

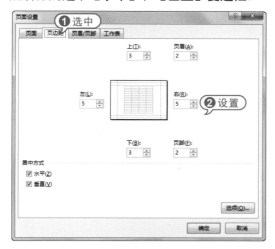

步骤 05 打开【页眉/页脚】选项卡，单击【自定义页眉】按钮。

步骤 06 打开【页眉】对话框，在【左】文本框中输入页眉文本，然后单击【确定】按钮。

步骤 07 使用同样的方法，自定义页脚文本，然后返回至【页眉/页脚】选项卡，查看页眉/页脚效果，单击【确定】按钮。

步骤 08 自动进入Microsoft Office Backstage 视图，在最右侧的窗格中单击【显示边距】按钮 ⊞，查看工作表的最终预览效果。

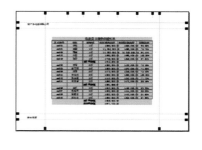

10.1.2 添加分页符

如果用户需要打印多页工作表中的内容，Excel 2013会自动在其中插入分页符，将工作表分成多页。这些分页符的位置取决于纸张的大小及页边距设置。用户也可以设置在一页中添加分页符，以达到增加页数的目的。

【例10-2】在【员工销售业绩表】工作簿中添加分页符来区分每个部门的销售管理情况。

(视频+素材) (光盘素材\第10章\例10-2)

步骤 01 启动Excel 2013程序，打开【员工销售业绩表】工作簿的【年度员工销售业绩汇总】工作表。

步骤 02 选定A9单元格，打开【页面布局】选项卡，在【页面设置】组中单击【分隔符】按钮，从弹出的菜单中选择【插入分页符】命令。

步骤 03 此时，即可在第8行与第9行之间插入分页符。

实战技巧

如果单击的是第一行的单元格，将插入垂直分页符；如果单击的是第一列的单元格，将插入一个水平分页符；如果单击的是其他任意位置的单元格，将同时插入水平和垂直分页符。

步骤 04 使用同样的方法在第15行与第16行之间、第20行与第21行之间插入分页符。

步骤 05 单击【文件】按钮，在弹出的菜单中选择【打印】命令，进入Microsoft Office Backstage 视图，查看插入分页符的工作表的打印效果。

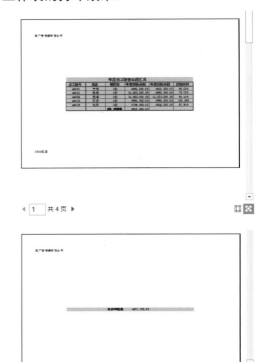

10.1.3 打印指定区域

在打印工作表时，可能会遇到不需要打印整张工作表的情况，此时可以设置打印区域，只打印工作表中所需要的部分。

【例10-3】在【员工销售业绩表】工作簿中打印【到账比例】为100%的员工销售业绩记录。

(视频+素材) (光盘素材\第10章\例10-3)

步骤 01 启动Excel 2013程序，打开【员工销售业绩表】工作簿的【年度员工销售业绩汇总】工作表。

步骤 02 打开【页面布局】选项卡，在【页面设置】组中单击【打印标题】按钮，打开【页面设置】对话框的【工作表】选项卡，在其中单击【顶端标题行】文本框右端的按钮。

步骤 03 返回工作簿，选择表格的第1行与第2行，单击按钮。

步骤 04 返回【页面设置】对话框的【工作表】选项卡，此时在【打印标题】选项区域的【顶端标题行】文本框中会显示步骤3选定的单元格区域，单击【确定】按钮。

步骤 05 返回要打印工作簿窗口，如要打印【到账比例】为100%的员工的记录，在工作簿中选定A12:F12单元格区域。

步骤 06 单击【文件】按钮，在弹出的菜单中选择【打印】命令。在中间的【打印】窗格中单击【打印活动工作表】下拉按钮，从弹出的菜单中选择【打印选定区域】选项，此时可以在右侧的预览窗格中预览指定区域的打印效果。

步骤 07 选择目标打印机后，单击【打印】按钮，即可打印工作表的指定区域中的数据。

10.1.4 打印不连续区域

Excel 2013提供的【照相机】工具可以在一页上打印电子表格中不连续的区域。用户可以打开【Excel选项】对话框的【快速访问工具栏】选项卡中将其添加到快速访问工具栏中以便使用。

【例10-4】在【员工销售业绩表】工作簿中打印不连续区域。

(视频+素材) (光盘素材\第10章\例10-4)

步骤 01 启动Excel 2013程序，打开 【员

工销售业绩表】工作簿的【年度员工销售业绩汇总】工作表。

步骤 **02** 选择B2:B7单元格区域，然后单击【照相机】按钮。

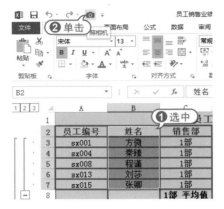

步骤 **03** 单击【新工作表】按钮⊕，插入【Sheet1】工作表，单击插入链接图片。

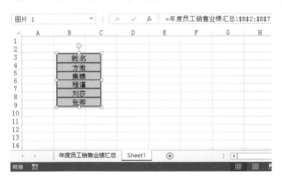

步骤 **04** 使用同样的方法，将C2:C7和F2:F7区域链接到【Sheet1】工作表内。使用鼠标按需求排列链接图片。

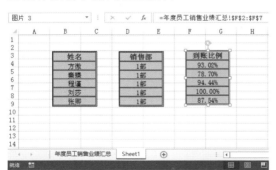

步骤 **05** 打开【页面布局】选项卡，在【工作表选项】区域取消选中【网格线】|【查看】复选框，此时表格内网格线将会

消失。

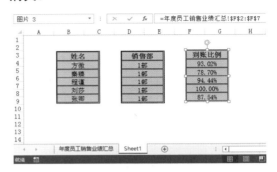

步骤 **06** 选择【文件】|【打印】命令，在打印预览窗格中可以查看打印效果。

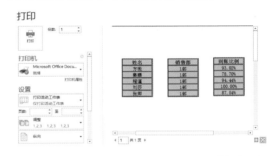

10.1.5 打印工作表图表

在Excel 2013中除了可以打印工作表中的表格外，还可以打印工作表中的图表。

【例10-5】设置打印【电脑配件销售统计】工作簿中的图表。

🎬视频+素材 (光盘素材\第10章\例10-5)

步骤 **01** 启动Excel 2013程序，打开【电脑配件销售统计】工作簿的【Sheet1】工作表。

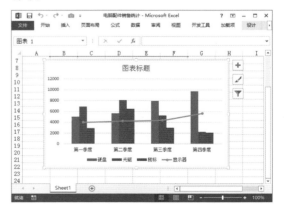

步骤 02 打开【页面布局】选项卡，在【页面设置】组中单击【页边距】按钮，在弹出的菜单中选择【宽】命令。

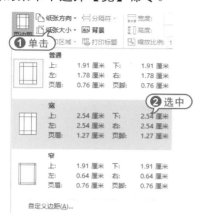

步骤 03 单击【纸张方向】按钮，在弹出的菜单中选择【横向】命令。

步骤 04 单击【纸张大小】按钮，在弹出的菜单中选择【A4】选项。

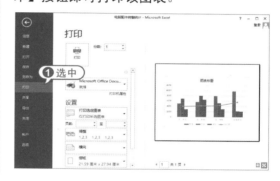

步骤 05 选择【文件】|【打印】命令，可以查看预览窗格中打印效果。单击【打印】按钮即可打印该图表。

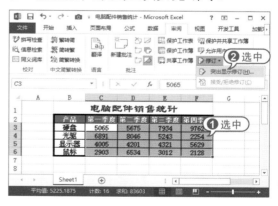

10.2 修订表格

当用户将工作簿表格共享给其他用户使用时，可以设置接受或拒绝修订，或突出显示修订人与内容，以方便设置其他用户修订工作簿的权限。

10.2.1 突出显示修订

要突出显示修订内容，可以在【审阅】选项卡中进行修改。

【例10-6】在【电脑配件销售统计】工作簿中设置突出显示修订内容。

（视频+素材）(光盘素材\第10章\例10-6)

步骤 01 启动Excel 2013程序，打开【电脑配件销售统计】工作簿的【Sheet1】工作表。

步骤 02 选择C3:F6单元格区域，然后在【审阅】选项卡的【更改】组中单击【修订】按钮，然后选择【突出显示修订】命令。

步骤 03 打开【突出显示修订】对话框，选中【编辑时跟踪修订信息，同时共享工作簿】复选框；选中【时间】复选框，并在其后面的下拉列表框中选择【从上次保存开始】选项；选中【修订人】复选框，在其后面的下拉列表框中选择【每个人】选项；选中【位置】复选框；选中【在屏幕上突出显示修订】复选框，然后单击【确定】按钮即可完成设置突出显示修订操作。

步骤 04 当工作簿被用户修改后，即会突出显示修订时间、修订人等相关修订信息。

10.2.2 接收和拒绝修订

当其他用户修订工作簿后，共享工作簿的用户可以选择接受或拒绝其他用户所作的修订。

【例10-7】在【电脑配件销售统计】工作簿中设置突出显示修订内容。

(视频+素材) (光盘素材\第10章\例10-7)

步骤 01 启动Excel 2013程序，打开例10-6制作的【电脑配件销售统计】工作簿的【Sheet1】工作表。

步骤 02 在【审阅】选项卡的【更改】组中单击【修订】按钮，在弹出的菜单中选择【接受/拒绝修订】命令，打开【接受或拒绝修订】对话框。

步骤 03 选中【时间】复选框，在后面的下拉列表框中选择【无】选项；选中【修订人】复选框，在其后面的下拉列表框中选择【每个人】选项；选中【位置】复选框，然后单击【确定】按钮。

步骤 04 在打开对话框的列表框中显示修订记录，单击【全部接受】按钮，即可接受工作簿中的所有修订。

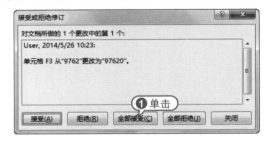

10.2.3 设置修订时间

当制作好工作簿中的表格需要局域网中其他用户审阅或批注意见时，就需要在局域网中共享工作簿，共享工作簿可以设置修订记录的时间。

【例10-8】设置共享【电脑配件销售统计】工作簿，并将保存修订记录的时间设置为1天，自动更新的时间间隔设置为15分钟。

(视频+素材) (光盘素材\第10章\例10-8)

步骤 **01** 启动Excel 2013程序，打开【电脑配件销售统计】工作簿的【Sheet1】工作表。

步骤 **02** 在【审阅】选项卡的【更改】组中单击【共享工作簿】按钮。

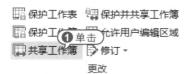

步骤 **03** 打开【共享工作簿】对话框，在【编辑】选项卡中选中【允许多用户同时编辑，同时允许工作簿合并】复选框，然后单击【确定】按钮。

步骤 **04** 选择【高级】选项卡，在【修订】选项区域中选中【保存修订记录】单选按钮，并在其后面的文本框中输入"1"；在【更新】选项区域中选中【自动更新间隔】单选按钮，并在其后面的文本框中输入"15"，然后单击【确定】按钮。

步骤 **05** 系统弹出对话框，提示保存文档，单击【确定】按钮。

步骤 **06** 共享工作簿后，在工作簿标题栏中的名称后会出现【共享】字样。将该工作簿复制到局域网中的任意一个文件夹下，其他用户即可同时访问并修改该工作簿的内容。

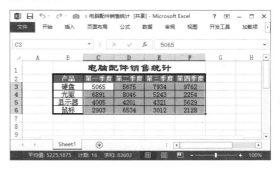

10.3 创建超链接

超链接是指从一个页面或文件跳转到另外一个页面或文件，通过单击超链接，用户可以跳转到本机系统中的文件、网络共享资源。Excel 2013提供了创建超链接的功能，方便网络应用。

10.3.1 创建多种超链接

Excel 2013中常用的超链接可以分为4种类型：链接本地文件或网页的超链接、链接当前工作簿中其他位置的超链接、链接新建工作簿的超链接以及链接电子邮件地址的超链接。下面介绍创建不同超链接的方法。

1. 链接本地文件或网页

在Excel表格中建立链接至本地文件或网页地址的超链接后，当用户单击该超链接时，即可直接打开对应的文件或网页。

【例10-9】创建【南京青奥会介绍】工作簿，添加【官方网站】与【吉祥物】图片的超链接。

（视频+素材）(光盘素材\第10章\例10-9)

步骤 01 启动Excel 2013程序，创建【南京青奥会介绍】工作簿，在【Sheet1】工作表中输入数据。

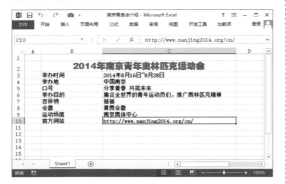

步骤 02 选择C10单元格，在【插入】选项卡的【链接】组中，单击【超链接】按钮。

步骤 03 打开【插入超链接】对话框，在【链接到】列表框中单击【现有文件或网页】按钮，在【地址】文本框中输入网站地址，然后单击【确定】按钮。

步骤 04 返回工作簿窗口，此时单击C10单元格，即可在浏览器中访问其链接网址。

步骤 05 选中C7单元格，单击【超链接】按钮，打开【插入超链接】对话框，在【当前文件夹】下，选择【青奥会吉祥物砳砳】图片，然后单击【确定】按钮。

步骤 06 返回工作簿窗口即可插入超链接。单击C7单元格中的文本即可打开图片文件。

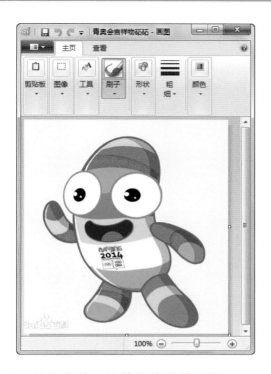

2. 链接当前工作簿中的其他位置

使用这种超链接,可以快速连接至当前工作簿中任意一个单元格位置,方便用户在同一工作簿中进行切换与引用操作。

【例10-10】在【南京青奥会介绍】工作簿中将运动场馆地址链接到【地图】工作表上。

(视频+素材)(光盘素材\第10章\例10-10)

步骤 01 启动Excel 2013程序,打开【南京青奥会介绍】工作簿,新建【地图】工作表,并插入地图图片。

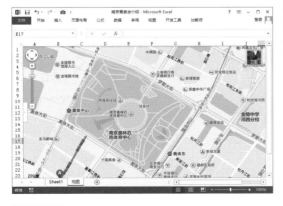

步骤 02 选择【Sheet1】工作表中的C9单

元格,在【插入】选项卡的【链接】组中,单击【超链接】按钮,打开【插入超链接】对话框。在对话框的【链接到】列表框中单击【本文档中的位置】按钮;在【或在这篇文档中选择位置】列表框中选择【地图】选项,然后单击【确定】按钮。

步骤 03 返回工作簿窗口,单击【Sheet1】工作表的C9单元格中的超链接,此时连接至当前工作簿的【地图】工作表。

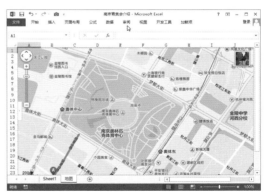

3. 链接新建工作簿

当用户单击该类型的超链接后,Excel 2013会自动创建新的工作簿,并根据超链接属性设置该新建工作簿的名称与保存位置。

先选择单元格，然后在【插入】选项卡的【链接】组中单击【超链接】按钮，打开【插入超链接】对话框。在【链接到】列表框中单击【新建文档】按钮，在右边的【新建文档名称】文本框中输入新建工作簿名称(这里输入"新建工作簿")；在【何时编辑】选项区域中选中【以后再编辑新文档】单选按钮，最后单击【确定】按钮。

此时，单击该单元格中文字超链接，将会新建并打开【新建工作簿】工作簿。

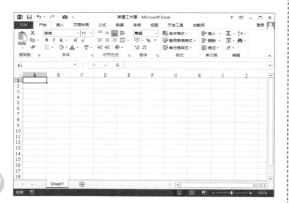

4. 链接电子邮件地址

如果系统已安装了电子邮件程序如Fox mail、Outlook Express等，单击所创建的指向电子邮件地址的超链接时将自动启动电子邮件程序，创建一封电子邮件。

首先选择单元格，然后在【插入】选项卡的【链接】组中单击【超链接】按钮，打开【插入超链接】对话框。在【链接到】列表框中单击【电子邮件地址】按钮，在其右边的【电子邮件地址】文本框中输入邮件地址，最后单击【确定】按钮。

返回工作簿窗口，单击单元格中的超链接，即可打开电子邮件程序。

10.3.2　编辑超链接

完成超链接的建立以后，在使用过程中可以根据实际需要进行修改或进行复制移动等编辑。

1. 修改超链接地址

右击需要修改的超链接，在弹出的快捷菜单中选择【编辑超链接】命令，打开【编辑超链接】对话框。在【地址】下拉列表框中输入新的超链接地址，最后单击【确定】按钮即可完成超链接地址的修改。

2. 修改超链接格式

修改超链接的显示格式，可以使其更

为醒目、美观。需要注意，对超链接的显示格式的修改只能应用于选定单元格的超链接。

【例10-11】在【南京青奥会介绍】工作簿中修改超链接格式。

（视频+素材）(光盘素材\第10章\例10-11)

步骤 01 启动Excel 2013程序，打开【南京青奥会介绍】工作簿的【Sheet1】工作表。

步骤 02 选中超链接所在的 C7 单元格，在【开始】选项卡的【样式】组中，单击【单元格样式】按钮，在弹出的菜单中选择【新建单元格样式】命令。

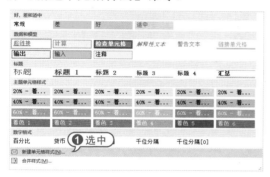

步骤 03 打开【样式】对话框，在【样式名】文本框中输入【超链接底纹】，然后单击【格式】按钮。

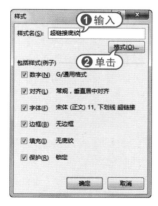

步骤 04 打开【设置单元格格式】对话框，选中【填充】选项卡，在【背景色】选项区域中选择底纹颜色，然后单击【确定】按钮，返回【样式】对话框。继续单击【确定】按钮，返回工作簿。

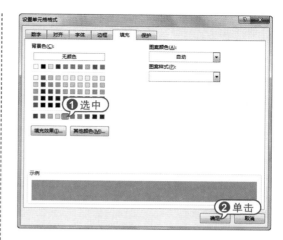

步骤 05 在【开始】选项卡的【样式】组中单击【单元格样式】按钮，在弹出的菜单中选择新建的【超链接底纹】样式。

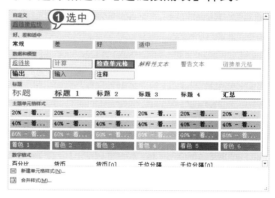

步骤 06 选择该样式后，即可为选定单元格的超链接添加底纹效果。

3．复制、移动和取消超链接

对于已经建立的超链接，可以根据需求进行复制、移动、取消及删除操作。

❯ 复制超链接：首先右击需要复制的超链接的文本或图形，在弹出的快捷菜单中选择【复制】命令，然后右击目标单元格，在弹出的快捷菜单中选择【粘贴】命令即可完成复制。

◉ 移动超链接：首先右击超链接的文本或图形，在弹出的快捷菜单中选择【剪切】命令，然后右击目标单元格，在弹出的快捷菜单中选择【粘贴】命令即可。

◉ 取消超链接：右击要取消超链接的文本或图形，在弹出的快捷菜单中选择【取消超链接】命令即可。

10.4 网页发布电子表格

在Excel 2013中，可以将工作簿或其中一部分保存为网页并进行发布，从而方便用户查看。用户可以将工作簿中的数据与图表一起发布在网页上进行比较，无需打开Excel即可在其浏览器中查看和编辑这些数据。

10.4.1 网页格式发布

在Excel 2013中，用户可以将整个工作簿、工作表、单元格区域或图表发布为网页文件。在浏览发布成网页文件的电子表格时，用户只能查看数据而无法对其进行修改。

一个工作簿有多个工作表，用户可以通过将整个工作簿发布为网页文件的方式进行发布操作。

【例10-12】将【南京青奥会介绍】工作簿发布为网页文件。

📹 视频+素材 (光盘素材\第10章\例10-12)

步骤 **01** 启动Excel 2013程序，打开【南京青奥会介绍】工作簿。

步骤 **02** 选择【文件】|【导出】命令，选择【更改文件类型】选项，然后单击【另存为】按钮。

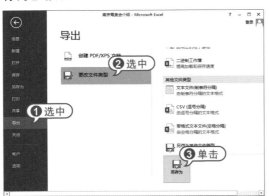

步骤 **03** 打开【另存为】对话框，在【保存类型】下拉列表框中选择【网页】选项，然后单击【发布】按钮。

步骤 **04** 打开【发布为网页】对话框，在【选择】下拉列表框中选择【整个工作簿】选项，在【发布形式】选项区域中选中【在每次保存工作簿时自动重新发布】复选框，最后单击【发布】按钮。

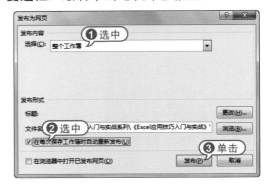

步骤 **05** 此时，即可将【南京青奥会介绍】工作簿发布为网页文件。这样无需打开Excel 2013，双击发布后的网页文件即可在浏览器中查看工作簿中的数据。单击发布文件中的超链接，同样可以链接到指定网页或文件位置。

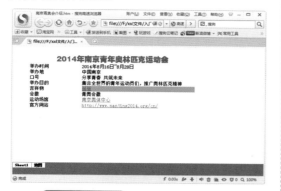

10.4.2 修改发布数据

在网页浏览器中浏览发布后的Excel数据后，若发现数据错误而要对其进行修改时，则可以打开发布网页对应的Excel源文件，在其中修改后进行保存，即可自动修改发布文件中的数据。

需要注意的是，发布文件必须在【发布为网页】对话框中选中【在每次保存工作簿时自动重新发布】复选框。

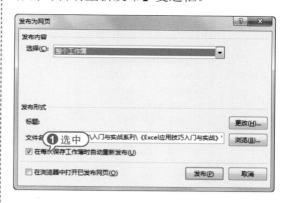

10.4.3 使用Web查询

使用Web查询功能可以从网络中获得文本、表或数据库，然后利用Excel中的工具和函数来处理这些数据。

打开【数据】选项卡，单击【获取外部数据】|【自网站】按钮，即可打开【新建Web查询】对话框。

在【新建Web查询】对话框中单击【选项】按钮，打开【Web查询选项】对话框。

【Web查询选项】对话框的【格式】选项区域中各选项功能如下所示。

◯ 复制超链接：首先右击要复制的超链接的文本或图形，在弹出的快捷菜单中选择【复制】命令，然后右击目标单元格，在弹出的快捷菜单中选择【粘贴】命令即可完成复制。

◯ 【无】单选按钮：删除 Web 页的格式设置，包括字体和颜色等，并将数据以纯文本的形式导入到Excel中。

◯ 【仅 RFT 格式】单选按钮：保留Web页的格式设置，但不包括高级格式设置功能。

◯ 【完全 HTML 格式】单选按钮：检索所有Web页的HTML格式设置，包括高级格式设置功能。

在【Web查询选项】对话框的【导入预格式化的<PRE>块的设置】选项区域

中，各选项的功能如下所示。

◯ 【将<PRE>块导至列中】复选框：选中此复选框，可对导入到列中预设格式部分的数据进行分隔；取消选中该复选框，可将预设格式部分的每行数据放置到单个单元格中。

◯ 【连续分隔符号视为单个处理】复选框：选中此复选框，可在导入数据时将多个连续的分隔标记或结束标记(例如制表符、空格以及分号等)作为一个标记处理。

◯ 【全部使用相同的导入设置】复选框：可对Web页上的所有预设格式的部分使用【连续分隔符号视为单个处理】的设置。如果只对第一个预设格式的部分使用该设置，或希望由Excel确定最佳的设置，可以取消选中该复选框。

在【Web查询选项】对话框的【其他导入设置】选项区域中各选项的功能如下所示。

◯ 【禁用日期识别】复选框：选中该复选框，可以确保运行Web查询时，Web页上显示形式与日期相似的数据，例如部分的数字等，在Excel中能够正确显示为数字。同样，日期数据也能够正确地以日期格式显示。

◯ 【禁用Web查询重定向】复选框：选中该复选框，可在数据位置发生更改以及Web页的源HTML包含重定向属性时防止Web查询被重定向。

10.5 实战演练

本章的实战演练部分包括共享、修订以及打印工作簿的综合实例操作，用户通过练习从而巩固本章所学知识。

使用Excel的共享、修订和打印功能，对工作簿进行相关设置。

【例10-13】在【电脑配件销售统计】工作簿中使用本章内容进行编辑。

▶ (视频+素材) (光盘素材\第10章\例10-13)

步骤 01 启动Excel 2013程序，打开【电脑配件销售统计】工作簿的【Sheet1】工作表。

步骤 02 单击【审阅】选项卡【更改】组中的【共享工作簿】按钮，打开【共享工作簿】对话框。在【编辑】选项卡中选中【允许多用户同时编辑，同时允许工作簿合并】复选框。

步骤 03 选择【高级】选项卡，在【修订】选项区域中选中【保存修订记录】单选按钮，并在后面的文本框中输入"5"；在【更新】选项区域中选中【保存文件时】单选按钮，然后单击【确定】按钮。

步骤 04 系统弹出对话框提示该操作将保存工作簿，单击【确定】按钮即可共享工作簿。

步骤 05 在【Sheet1】工作表中选定C3:F6单元格区域；在【审阅】选项卡的【更改】组中单击【修订】按钮；在弹出的菜单中选择【突出显示修订】命令。

步骤 06 打开【突出显示修订】对话框，选中【编辑时跟踪修订信息，同时共享工作簿】复选框；选中【时间】复选框，在后面的下拉列表框中选择【从上次保存开始】选项；选中【修订人】复选框，在其后面的下拉列表框中选择【每个人】选项；选中【位置】复选框；选中【在屏幕上突出显示修订】复选框；选中【在新工作表上显示修订】复选框，最后单击【确定】按钮。

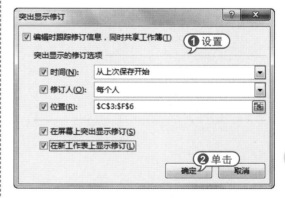

步骤 07 此时即可设置突出显示修订。当光标移动至修订数据后的单元格上时，即可显示修订的时间、内容与用户等相关信息。

步骤 08 选择【文件】|【打印】命令，单击【页面设置】链接。

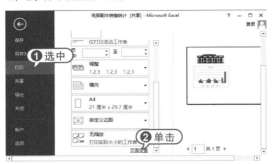

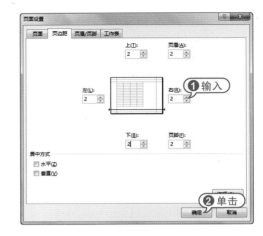

步骤 09 打开【页面设置】对话框，选择【页边距】选项卡，在微调框中均输入"2"，然后单击【确定】按钮。

步骤 10 此时，在【打印】窗口中单击【打印】按钮即可打印【Sheet1】工作表。

专家答疑

>> 问：如何防止打印工作表中的艺术字？

答：用户可以在工作表中指定不打印一个特定对象。要防止打印艺术字，需要先选中艺术字，然后在【绘图工具】|【格式】选项卡里的【大小】组中单击【对话框启动器】按钮，打开【设置形状格式】窗格，在其中取消选中【打印对象】复选框即可。

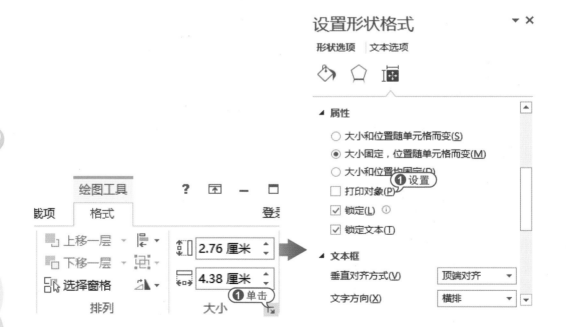